Général DUBOIS

Commandant la 1re Division de Cavalerie, Membre du Conseil supérieur des Haras

LA CRISE

DU

DEMI=SANG FRANÇAIS

Évolution nécessaire

TRANSWAAL, demi-sang français, par *Lauzun*, pur-sang et *Féline*, demi-sang.

PARIS

Henri CHARLES-LAVAUZELLE

10, Rue Danton (Boulevard St-Germain, 118)

Même Maison à Limoges

Demi-sang français.   1

LA CRISE

DU

DEMI-SANG FRANÇAIS

Général DUBOIS

Commandant la 1ʳᵉ Division de Cavalerie
Membre du Conseil supérieur des Haras

LA CRISE

DU

DEMI=SANG FRANÇAIS

Évolution nécessaire

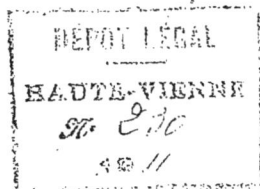

PARIS

Henri CHARLES-LAVAUZELLE

Éditeur militaire

10, Rue Danton, Boulevard Saint-Germain, 118

(MÊME MAISON A LIMOGES)

1912

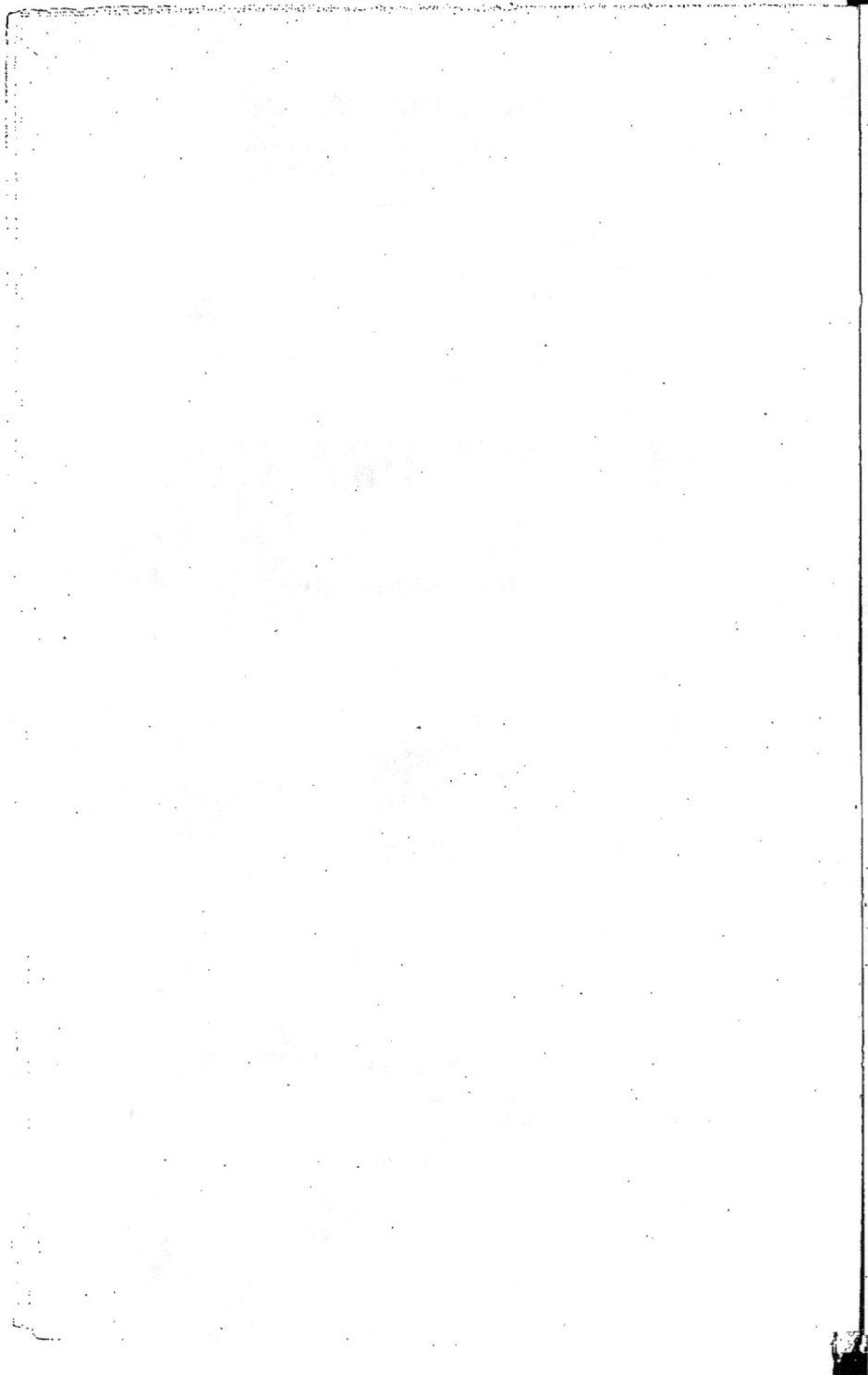

INTRODUCTION

*Les pages qui suivent s'adressent à tous ceux qui
aiment le cheval, à tous ceux qui le pratiquent, à tous
ceux qui veulent l'avoir à la fois bon, noble et beau.*

*Je les offre plus particulièrement à mes camarades
de l'armée.*

*De tout temps, le fantassin s'est attaché à perfec-
tionner son fusil, l'artilleur à améliorer son canon.*

*Les cavaliers militaires, au contraire, se sont trop
souvent désintéressés de la fabrication du cheval.*

*Aussi je les convie tous, cavaliers, artilleurs, offi-
ciers d'état-major, qui auront, en manœuvres et en
campagne, à se servir durement d'un cheval, je les
convie à joindre leur effort au mien, pour le bien de
l'armée et de la patrie.*

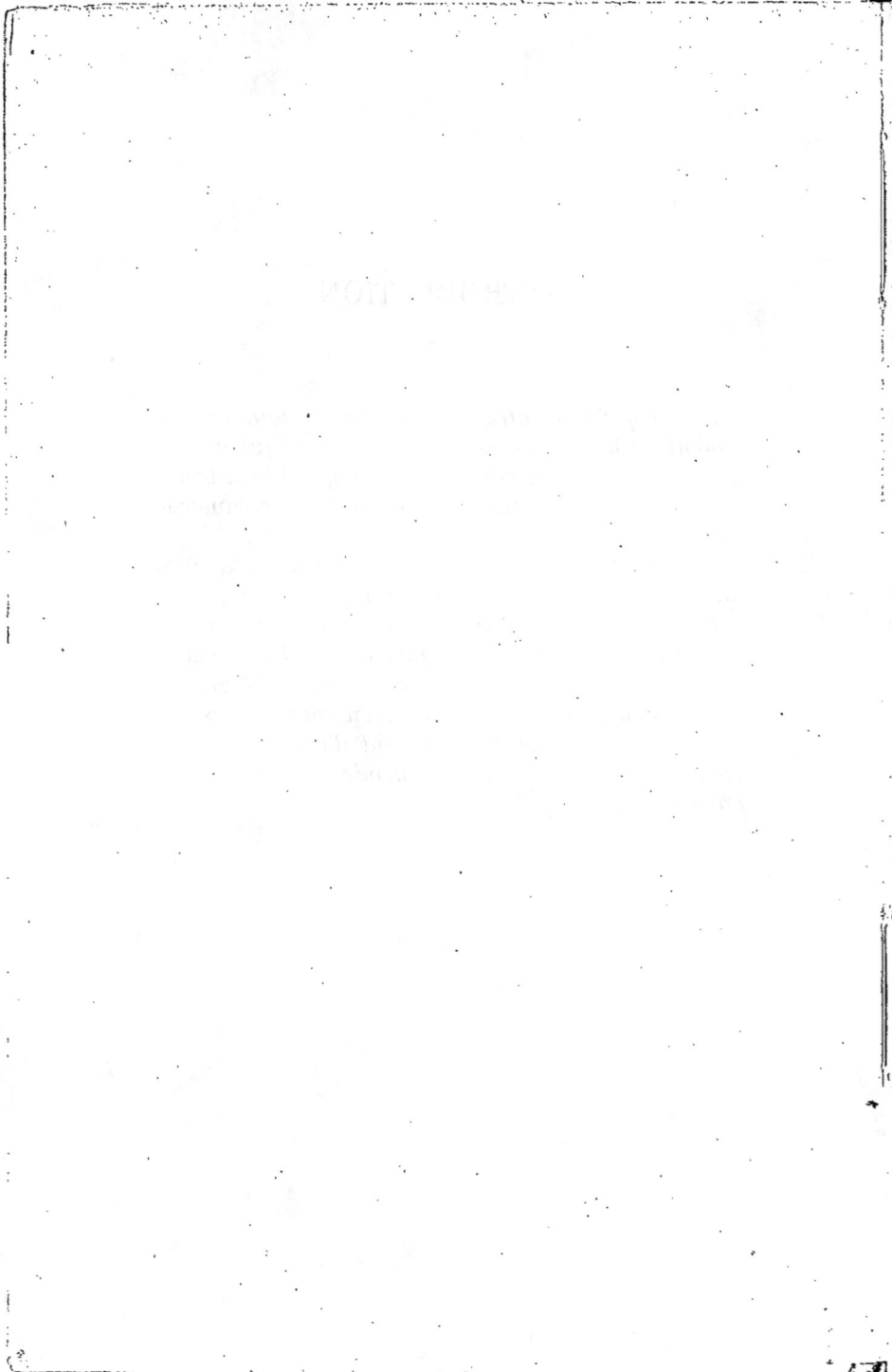

LA CRISE

DU

DEMI-SANG FRANÇAIS

I

La crise. — Sa gravité. — Ses causes.

Depuis quelques années, l'élevage du cheval de demi-sang subit, en France, une crise véritablement inquiétante. La presse spéciale est remplie des plaintes des éleveurs. Les représentants les plus autorisés des différentes régions d'élevage portent périodiquement leurs doléances à la tribune du Parlement. La crise est indéniable.

Il nous a paru utile d'en préciser l'importance, de remonter aux causes et de rechercher les remèdes qu'il serait possible d'apporter à une situation dont la gravité s'accentue tous les jours, et qui est à la fois une cause de diminution pour la richesse publique et une cause de préoccupation au point de vue de la défense nationale.

Désireux de ne nous appuyer que sur des renseignements et des chiffres d'une authenticité absolue, nous n'utiliserons autant que possible pour cette étude que des documents officiels, tels que les rapports annuels sur la gestion des haras, les rapports soumis au

Parlement par les rapporteurs particuliers des budgets de l'agriculture et de la guerre, les documents présentés au conseil supérieur des haras, les procès-verbaux des séances de cette assemblée, et particulièrement la brochure si intéressante et si documentée rédigée par le ministre de l'agriculture et intitulée : *Remonte des Haras. L'Étalon anglo-normand.*

Cherchons d'abord à déterminer quelle a été la diminution des saillies des étalons aptes à produire le cheval de luxe ou le cheval de guerre, c'est-à-dire des étalons de pur sang et de demi-sang.

Le tableau ci-dessous, qui embrasse la période de 1904 à 1910, montre avec quelle continuité inquiétante le nombre des saillies des étalons de l'Etat a diminué.

ANNÉES.	ÉTALONS DE PUR SANG.	ÉTALONS ANGLO-ARABES.	ÉTALONS DE DEMI-SANG.	ÉTALONS DE TRAIT.
1904	10.049	15.527	109.279	41.108
1905	9.214	15.080	105.490	40.648
1906	8.603	14.416	98.259	40.136
1907	7.775	11.795	89.410	41.954
1908	7.677	9.710	88.350	45.312
1909	7.556	9.767	87.226	48.103
1910	7.028	9.933	84.181	49.625

NOTA. — Le rapport annuel sur la gestion des haras ne fournissant des renseignements suffisamment détaillés que depuis 1904, nous avons dû prendre cette année-là comme point de départ, bien qu'il eût été désirable de remonter plus haut, tout au moins à l'année 1903, qui semble avoir été le point culminant de la production française, et où le nombre total des saillies fut très sensiblement supérieur à celui de 1904.

Si, envisageant seulement les dépôts d'étalons du nord de la France (Le Pin, Saint-Lô, Angers, Cluny, La Roche-sur-Yon, Saintes), nous considérons unique-

ment les juments de demi-sang saillies par les étalons
de pur sang anglais, ce qui représente la production
la plus recherchée par l'armée (pour les dragons et
cuirassiers), nous constatons une décroissance non
moins accentuée. Nous insistons sur ce fait, parce que
certaines personnes ont prétendu à tort que la recherche par l'armée des produits de l'étalon de pur sang
était une des causes de la défaveur actuelle du reproducteur de demi-sang auprès de beaucoup d'éleveurs (1).

ANNÉES.	Juments de demi-sang de la région du Nord-Ouest saillies par le pur-sang.
1900	4.918
1901	4.768
1902	4.712
1903	4.248
1904	4.224
1905	3.668
1906	3.482
1907	3.652
1908	4.021
1909	4.011
1910	3.732

L'honorable M. Engerand, député du Calvados,
dans la séance du 28 février 1910, estimait que « le
nombre des juments de qualité produisant le cheval de

(1) Ceci montre le parti pris des adversaires de l'étalon de pur
sang. Cet étalon, loin d'avoir enlevé, comme on l'a prétendu, sa
clientèle au reproducteur de demi-sang, lui a toujours été sacrifié.
Alors que la dernière loi d'accroissement a augmenté de 500 le
nombre des étalons nationaux, non seulement la catégorie des pur-
sangs n'a pas bénéficié de cette augmentation, mais elle est descendue de 255 à 235 têtes dans la période de 1903 à 1910.
Au surplus, en considérant seulement la Normandie, où il existe
40.000 poulinières de demi-sang, et en admettant que les 50 étalons
de pur sang de croisement du Pin et de Saint-Lô arrivent à saillir
chacun 50 juments, cela ne représenterait que le 1/20° de la population chevaline normande. Il resterait encore 38.000 mères à donner
au demi-sang.
La faiblesse du nombre des saillies du pur-sang montre combien
il est nécessaire de faire quelques avantages, soit aux poulinières
de demi-sang saillies par le pur-sang, soit aux poulains issus de
ce croisement.

guerre avait, de 1903 à 1908, diminué d'un quart ». De son côté, un sénateur du même département, particulièrement averti de tout ce qui touche à l'élevage, l'honorable M. de Saint-Quentin, disait dans la séance du 21 juin 1911.

L'effectif de nos poulinières de demi-sang a diminué de 30 p. 100 en dix ans, et si vous éliminez de cet effectif les postières bretonnes parmi lesquelles beaucoup se rapprochent plus du trait que du demi-sang, la diminution a atteint 50 p. 100. Et le mouvement continue !

A première vue, les chiffres donnés par les tableaux ci-dessus paraissent un peu moins défavorables, mais il convient de remarquer que ces tableaux n'envisagent que les juments saillies par les étalons de l'Etat, et cela depuis 1904 seulement. Il est donc vraisemblable qu'en étendant les recherches à tous les étalons privés on trouve une baisse des saillies plus sensible encore que celle éprouvée par les étalons de l'Etat ; car, soit à cause du prix de leurs saillies, soit pour d'autres raisons multiples, les étalons approuvés ou autorisés ont dû voir leur clientèle diminuer dans une proportion beaucoup plus sensible que les étalons nationaux.

Au début de ce mouvement, certains esprit optimistes prétendaient qu'il n'y avait là qu'une de ces dépressions passagères comme il s'en produit dans toute espèce d'industrie, que le fait s'était déjà vu et que la courbe des saillies remonterait sans qu'il fût besoin de réformes ou de modifications dans la direction à donner à l'élevage. L'événement a montré à quel point ils se faisaient illusion : la diminution des saillies n'a cessé de s'accentuer. Même si un temps d'arrêt venait à se produire dans ce mouvement, il faudrait volontairement fermer les yeux sur les causes de la crise pour pouvoir croire qu'elle se trouverait enrayée.

Chose plus inquiétante : la diminution affecte presque exclusivement les élevages petits ou moyens, c'est-à-dire les élevages les plus intéressants au point de vue de la défense nationale. Les gros éleveurs, producteurs de chevaux d'hippodromes, y échappent en général. C'est du moins ce qui ressort des rapports des fonctionnaires de l'administration des haras les mieux placés pour juger de la situation.

S'il y a eu des découragements et des ventes de liquidation, dit l'inspecteur général de Normandie dans son rapport annuel de 1908, il convient d'établir qu'elles ont porté principalement sur des animaux de classe moyenne. On s'est débarrassé, par exemple, des poulinières médiocres; mais, sauf les cas de force majeure, on a conservé ce qui était bon et surtout tout ce qui était d'ordre élevé. C'est par le bas que s'est fait le tassement et qu'a eu lieu la réduction.

La même note se retrouve avec plus de précision encore dans le rapport annuel du directeur du haras du Pin :

La caractéristique de la monte de 1908 est l'accentuation toujours croissante de la baisse de la moyenne des étalons de demi-sang. C'est, si la chose continue, la perte de la race normande. Je parle de la masse de l'élevage et laisse de côté le trotteur, qui aura toujours sa clientèle assurée tant que le budget des courses au trot sera suffisant.

Cette constatation est particulièrement grave, car c'est grâce au moyen élevage que l'armée recrute aussi bien sa remonte du temps de paix que les chevaux nécessaires à la mobilisation. Elle est également grave, en ce sens que, si par des encouragements et des mesures appropriées, il est relativement facile d'amener de gros éleveurs à reconstituer une jumenterie, il est infiniment plus difficile d'arriver à ce résultat avec de petits éleveurs ne disposant que de ressources limitées et ayant pris une orientation différente.

Il est un autre point qui mérite de fixer l'attention :

c'est que, de tous les pays d'Europe, la France est le seul où il existe une crise du cheval de demi-sang.

Des renseignements que nous avons pris aux sources officielles en Allemagne, en Russie, en Autriche, en Angleterre, il ressort que nulle part ailleurs l'élevage du cheval de demi-sang n'est en diminution.

En Allemagne, on remonte facilement 42 régiments de cavalerie lourde (cuirassiers et uhlans), en animaux du type cuirassier, forts, importants, d'une taille de 1^m,62 à 1^m,64, et qui donnent toute satisfaction. L'élevage y est en progrès marqué. Celui qui peut, comme nous avons eu l'occasion de le faire récemment, comparer, à quinze années de distance, les chevaux prussiens en les voyant dans les régiments et les écoles, emporte l'impression d'un progrès indéniable, les effectifs actuels se composant d'animaux profonds, bien conformés, bien équilibrés, fortement membrés et particulièrement aptes au galop. Dans le service des remontes aussi bien que dans les haras et les centres d'élevage, on est, d'autre part, unanime à dire que l'élevage ne souffre pas et qu'il n'y a aucune diminution dans la production du demi-sang.

Même note en Autriche, ce pays si gros exportateur de chevaux de selle pour poids moyen. Les milieux officiels y déclarent que la production du demi-sang ne présente aucun ralentissement.

Même note aussi en Russie, ce qui s'explique d'ailleurs, les conditions de la vie y ayant été beaucoup moins modifiées par les progrès de la mécanique que dans les autres pays européens.

Reste l'Angleterre. Là il y a une crise, mais une crise à laquelle il est facile de remédier, une crise que nos éleveurs voudraient bien connaître.

Le cheval anglais, en raison de sa vogue due à son modèle et à son aptitude à la selle, est tellement recherché par l'étranger que la production est devenue insuffisante pour faire face à l'exportation.

D'après des renseignements officiels fournis par le ministère de l'agriculture anglais, l'exportation des chevaux a suivi une progression ascendante depuis trente ans.

Inférieure à 5.000 têtes, il y a trente ans, elle s'est élevée :

A 10.000 têtes de 1879 à 1887 ;
A 30.000 — 1888 à 1896 ;
A 35.000 — 1897 à 1904 ;
A 47.000 en 1905 ;
A 60.000 — 1906 et 1907 ;
A 56.000 — 1909.

La valeur moyenne des chevaux exportés est estimée à 1.500 francs par tête environ.

Mais cette exportation colossale est au-dessus des moyens de l'élevage anglais. Il est arrivé qu'en voulant y faire face quand même, l'Angleterre se démunit chaque année d'un trop grand nombre de juments aptes à la reproduction, et notamment des meilleures poulinières, qui lui sont enlevées à prix d'or.

Il en résulte que, non seulement la population chevaline reste stationnaire (2.094.594 chevaux), mais que, depuis cinq à six ans, la jumenterie n'arrive plus à se renouveler en poulinières de valeur et que la race est menacée d'un véritable déclin. Pour y remédier, un projet, que nous examinerons plus loin, a été adopté cette année par le Parlement anglais, qui, après avoir laissé dans le passé à l'initiative privée le soin de faire progresser l'industrie chevaline, se voit obligé d'intervenir au moyen d'une subvention gouvernementale annuelle d'un million de francs, destinée à assurer dans le pays le maintien des étalons et des poulinières les meilleurs. Et ce n'est là qu'un premier pas !

Ainsi, nulle part en Europe il n'y a diminution dans la production du demi-sang ; seul, notre élevage souffre d'une crise profonde qui s'accentue d'année en année. Et, cependant, la France est de tous les pays celui qui distribue les encouragements les plus élevés à l'industrie chevaline, encouragements qui vont tout particulièrement au cheval de demi-sang !

Le total de ces encouragements (allocations diverses, courses, approbations, concours, achats d'étalons), s'élève à 6 millions et demi (rapport portant fixation du budget de 1909, par M. Noulens, page 43).

« Il n'y a pas de pays au monde, ajoute l'honorable député, où l'élevage du demi-sang reçoive de pareils subsides ! »

Si, dans ces 6.500.000 francs, on recherche quelle est la contribution propre du ministère de l'agriculture, on constate qu'elle atteint 3 millions (rapport portant fixation du budget de 1911, de M. Fernand David, page 406). Le reste est fourni par les départements, les villes, les sociétés de courses.

Dans ces conditions, la question se pose de savoir comment un élevage si puissamment soutenu, si richement doté, a pu péricliter.

Essayons donc de remonter aux causes de la crise.

La plupart de ceux qui se sont occupés de la question attribuent tout le mal à l'automobilisme, dont les progrès, si considérables dans ces dix dernières années, auraient entraîné une sorte de mévente du cheval.

Certes, l'automobilisme a été néfaste pour l'élevage français, grand producteur de carrossiers ; certes, il fait au cheval une concurrence terrible. Mais l'automobilisme existe ailleurs qu'en France, et nous venons de voir qu'il n'y a pas de crise de l'élevage dans les autres pays. Si même on entre dans le fond de la question, on est amené à constater qu'alors que la France, d'après les statistiques les plus récentes, utilise 60.000 voitures automobiles, l'Angleterre en compte 80.000 et l'Amérique 120.000. Et cependant, ni l'Angleterre ni l'Amérique ne se voient atteintes dans l'élevage du cheval de demi-sang !

Aussi, tout en reconnaissant que l'automobilisme est pour le cheval le plus dangereux des ennemis, nous estimons qu'il n'est pas la seule cause de la diminution constatée dans la production chevaline, ou, du moins, s'il en est la cause initiale, que des mesures auraient pu être prises pour que l'élevage n'eût pas à en souffrir. A ce point de vue, l'exemple de l'Allemagne est particulièrement instructif.

Au moment où s'est produit l'essor de la traction automobile, l'Allemagne avait, elle aussi, un élevage de carrossiers tout à fait florissant. Le Mecklembourg, l'Oldenbourg, le Hanovre produisaient des demi-sangs de grande taille, aux allures hautes et brillantes, qui, comme chevaux de luxe, avaient un débouché dans toutes les capitales européennes et venaient jusqu'en France concurrencer nos anglo-normands. Qui ne se souvient des élégants attelages qu'importaient, il y a une douzaine d'années, certains grands marchands des Champs-Elysées, Marx, notamment ?

Eh bien ! ce type de cheval a aujourd'hui presque complètement disparu, ou, du moins, il a été ramené au fur et à mesure des progrès de l'automobilisme, au strict minimum indispensable. Celui qui a visité, il y a une douzaine d'années, le haras de Celles (Hanovre) et qui y a admiré de majestueux et brillants carrossiers de grande taille, est tout étonné aujourd'hui de n'y plus trouver en majorité, comme étalons de demi-sang, que des animaux compacts, profonds, fortement membrés et d'une taille sensiblement inférieure à celle de leurs devanciers. C'est que les Allemands, avec le sens pratique de la race germanique, ont prévu la crise que l'automobilisme allait provoquer et ont, dès son apparition, orienté l'élevage vers un cheval nouveau, pour lequel *il a été tenu compte, avant tout, du modèle.* Voilà comment l'Allemagne, tout en ayant, elle aussi, une industrie automobile, qui, pour être inférieure à la nôtre, n'en est pas moins très prospère, a évité la crise dont nos éleveurs se plaignent si fortement.

C'est cette évolution qu'hélas ! nous n'avons pas faite en temps utile.

Tous ceux qui suivent à Caen, à Rochefort, à La Roche-sur-Yon, les achats d'étalons, tous ceux qui viennent à Paris assister au concours central des reproducteurs n'ont pas cessé de voir présenter les mêmes énormes poulains, du type grand carrossier, d'une taille atteignant, à 3 ans, 1^m,64 à 1^m,66, appelés par conséquent à faire, une fois la croissance terminée, des étalons de 1^m,66 à 1^m,70.

On a ainsi continué à produire un type de cheval devant lequel tous les débouchés se fermaient, si bien que le petit éleveur, trouvant difficilement la vente de ses produits, s'est petit à petit détaché du cheval. En même temps, une évolution économique survenait, amenant une hausse considérable de la viande de boucherie et attirant nos paysans vers l'élevage du bœuf. Ils y étaient en outre incités par le développement des beurreries coopératives, qui trouvaient dans les fermières des adhérentes empressées.

C'est qu'en effet la paysanne, obligée dans le passé aux détails si astreignants de la fabrication du beurre,

forcée d'aller par toutes les saisons, par la pluie, la
neige, la chaleur, vendre — et souvent vendre mal —
son beurre au marché voisin, trouvait à la fois agréa-
ble et avantageux de rester à la maison et de livrer,
sans risques et sans dérangements, son lait aux beurreries coopératives. Puis, quand la vache cessait d'être
bonne laitière, elle voyait, grâce à la hausse de la
viande, la boucherie la lui prendre à un prix avantageux. C'est ainsi que, peu à peu, la vache s'est subs-
tituée à la jument chez beaucoup de nos petits éleveurs.

Pour lutter contre une pareille concurrence, il eût
fallu, non seulement orienter l'élevage dans une voie
nouvelle, mais aussi lui venir en aide par des subsides
importants, et c'est ici que nous entrons dans le vif
de la question.

Nous avons vu plus haut que, selon la parole d'un de
nos plus distingués rapporteurs du budget de l'agriculture, la France est le pays du monde qui consacre
les sommes les plus élevées à l'encouragement du
cheval de demi-sang ; mais, malheureusement, tous
ces encouragements vont à une catégorie restreinte
de gros éleveurs, à ceux qui font le cheval d'hippodrome, à ceux qui fournissent les étalons aux haras,
aux grands marchands qui font les concours et appro-
visionnent le commerce et la remonte. Il ne va aux
petits éleveurs qui, dans un pays de propriété divisée
comme la France, constituent la masse, aux petits éleveurs qui sont les auxiliaires indispensables de la défense nationale, il ne va à ces éleveurs qu'une part infime, une part presque nulle. Or c'est ce petit éleveur
qui disparaît peu à peu, les gros éleveurs continuant
à prospérer, comme le constatent les rapports des officiers des haras que nous avons cités précédemment.

Cette répartition des encouragements s'expliquait

dans le passé, alors que l'élevage ne rencontrait aucune difficulté et avait peine à faire face à la demande. On avait admis que le meilleur moyen d'améliorer la race, était d'encourager et de récompenser la tête de la production. Ainsi s'était créée, parmi les éleveurs, une élite qui fournissait l'Etat d'étalons et lui permettait d'avoir une action sur l'ensemble de l'élevage. Mais, dans la situation actuelle, cela ne suffit plus, et, sans trop modifier dans l'ensemble les avantages faits aux gros éleveurs, qui restent des auxiliaires indispensables, il faut, par des dispositions nouvelles, courir au secours du petit éleveur véritablement défavorisé et qui est en train de disparaître.

En résumé, si l'automobilisme, l'augmentation du bétail, la création de beurreries coopératives, concourent au déclin de notre élevage, la raison pour laquelle celui-ci n'essaie pas de réagir doit être recherchée dans une orientation trop exclusive vers le grand carrossier et le cheval d'hippodrome, et tout particulièrement dans une répartition défectueuse des encouragements, qui ne vont presque jamais aux petits éleveurs.

Là sont les véritables causes de la crise.

II

Comment remédier à la crise ?

Il semblerait résulter de ce qui précède un manque de prévoyance de la part de ceux qui, en France, ont la direction officielle de l'élevage.

Il n'en est rien.

Si l'on pénètre, en effet, dans le détail de ce qu'a fait, depuis sept à huit ans, l'administration des haras, on y trouve la tendance bien marquée à orienter les éleveurs vers un cheval moins spécial que le grand carrossier. On découvre des initiatives très heureuses, des idées très ingénieuses ; mais ces initiatives sont contrecarrées, les mesures prescrites restent limitées et ne donnent que des résultats partiels et insuffisants.

On a pu dire qu'il y avait un chef d'orchestre mystérieux qui réglait dans l'ombre la politique mondiale ; de même, en ce qui concerne notre élevage, on peut dire qu'un chef d'orchestre mystérieux est toujours survenu pour empêcher toute orientation nouvelle d'aboutir, pour combattre les mesures les plus efficaces et les plus nécessaires.

Les haras ont cherché notamment à amener nos éleveurs à fabriquer, soit un cheval de selle pour poids lourd — cheval réclamé par tous ceux qui montent à cheval et dont il y a insuffisance manifeste dans tous les pays — soit un postier, utilisable aussi bien par l'artillerie que par le commerce et l'agriculture. Tous leurs efforts ont été vains. De puissantes interventions extérieures les ont fait échouer, condamnant nos petits éleveurs à faire un cheval de trop grande taille et d'aptitude trop spéciale, qui n'a qu'un emploi limité.

Il s'est trouvé cependant, dans notre famille française, une race indépendance et tenace qui a refusé de se courber sous le joug : c'est la race bretonne. Elle a accepté de faire le postier demandé. Avec le concours des haras qui, par d'heureuses créations, tels que les concours-épreuves, l'ont dirigée dans la bonne voie, elle est arrivée à produire un animal de trait léger, rustique, apprécié de tous ceux qui l'emploient, industriels, cultivateurs ou militaires, et qui fait sa fortune.

Voilà un exemple qui montre que le remède est dans une orientation nouvelle, dans la production de chevaux plus conformes aux besoins de notre époque.

Certains éleveurs, qui se sont rendu compte de cette nécessité, et qui n'ont pas voulu abandonner le cheval pour le bœuf, se sont livrés, et cela en dehors de l'administration des haras, à la production du cheval de gros trait. Ils y ont vu la possibilité de faire un animal qui demande relativement peu de soins, qui coûte peu à produire (car il commence à rendre des services à l'âge de 2 ans) et qui est d'une vente facile et rémunératrice. Il semble cependant qu'il n'y ait là qu'un palliatif tout à fait momentané. La crise guette en effet le cheval de gros trait, une crise aussi grave que celle qui a atteint le demi-sang.

L'automobile de poids lourds, de création toute récente, progresse à pas de géants. On comptait :

En 1904. . . . . . . 4.588 voitures automobiles industrielles (1).
En 1905. . . . . .   6.532   —
En 1906. . . . . .   8.904   —
En 1907. . . . . .   11.685   —
En 1908. . . . . .   15.334   —
En 1909. . . . . .   19.503   —
En 1910. . . . . .   21.200   —

A la seule compagnie des Omnibus, le nombre des chevaux qui, il y a dix ans, était de 16.579 est tombé, en 1910, à 10.000. Dans trois ans, il sera réduit à zéro, la Société s'étant engagée par contrat à utiliser exclusivement la traction automobile à partir de la fin de 1913.

Avec une pareille progression de l'automobile lourd, il n'est pas téméraire de dire qu'il serait dangereux de laisser nos éleveurs s'engager davantage dans la production du cheval de gros trait. Au surplus, le rôle de l'administration des haras n'est pas de les y aider ; cela serait contraire à l'esprit et à la lettre de la loi de 1874, qui lui a donné comme mission la création du cheval nécessaire à la défense nationale. Or, depuis l'automobilisme, le cheval de gros trait n'a plus qu'une utilisation des plus limitées en cas de mobilisation. Il y a un excédent considérable de chevaux de cette nature. Ce serait donc, à tous les points de vue, une grosse erreur d'encourager la tendance que l'éleveur marque actuellement vers ce cheval.

Mais, alors, vers quel cheval doit-on l'orienter ?

Ici, ce qui s'est fait dans les pays voisins, qui, tels que l'Allemagne et l'Angleterre, ont échappé à la crise, va être pour nous une indication précieuse.

L'Allemagne, comme nous l'avons dit plus haut, a,

(1) Ces chiffres comprennent les autobus, les voitures de tramways et les voitures des diverses industries.

en l'espace de dix ans, transformé ses races. Dans l'Est prussien, elle s'est adonnée à la création du cheval de selle ; dans l'Allemagne centrale, elle a recherché la production du cheval de trait léger, du cheval d'artillerie. Elle s'est attachée avant tout au *modèle ;* elle s'est efforcée de produire un animal dont la conformation et les allures répondent au service que son armée en attend.

Elle y a pleinement réussi ; car, qu'il s'agisse du cheval de trait léger ou du cheval de selle, elle est arrivée à faire des chevaux d'un très bon type et d'une uniformité vraiment déconcertante.

L'évolution, en ce qui concerne les pères, lui a été facile, l'administration des haras produisant elle-même la plupart de ses étalons de demi-sang dans quatre haras, dits haras principaux, et dont les deux plus importants sont Trakehnen et Beberbeck (1). C'est un procédé que, nous aussi, nous employons à Pompadour pour la production d'une partie de nos anglo-arabes. Mais quelle comparaison peut-on faire entre Pompadour, qui entretient 50 poulinières, et Trakehnen, qui compte une superficie de 4.150 hectares, une population de 1.800 chevaux, et un personnel de 1.900 individus.

Les haras prussiens n'ont pas hésité à acquérir, aux prix les plus élevés, en Angleterre, en France, partout où ils les rencontraient, des étalons près de terre, profonds, bien membrés, d'un modèle irréprochable.

On les a vus payer *Red Prince II* 45.000 francs à l'âge de 18 ans, *French Fox* 200.000 francs, bien qu'ils

(1) Il existe en Allemagne quatre haras principaux : *Trakehnen* (Prusse orientale), qui compte 15 étalons de choix, dits étalons principaux, et 400 poulinières; *Gradilz* (Saxe prussienne), où l'on trouve 10 étalons principaux et 200 poulinières; *Beberbeck* (Hesse), avec 10 étalons et 150 juments; *Neustadt*, dont l'effectif atteint une centaine d'animaux.

ne fussent que des animaux de croisement, sans compter d'autres chevaux connus qu'il serait facile de citer.

A ces étalons ils réservent les poulinières de demi-
sang les mieux faites, et c'est ainsi qu'un bon père
arrive à faire souche de toute une lignée de produits
bien conformés, appelés à reproduire à un nombre
considérable d'exemplaires son modèle et sa qualité.
Ceux de ces étalons qui sont destinés à la fabrication
du cheval de selle sont près du sang. Les beaux et
forts chevaux que nous avons vus à l'école de cavalerie de Hanovre étaient, ou issus de pur-sang (dans
la proportion d'un cinquième environ, ou petits-fils de
pur-sang, ce qui est en somme la formule irlandaise.

En ce qui concerne les poulinières, on s'explique
difficilement comment l'évolution a pu être aussi
prompte et comment, aux mères hautes sur jambes
que l'on voyait autrefois, on a pu substituer aussi ra-
pidement les juments fortes et profondes que l'on utilise actuellement ? Certes, l'uniformité de vue qui
existe en Prusse entre les haras et les remontes, l'in-
flexible rigueur que ces deux services apportent dans
leurs procédés, ont été pour beaucoup dans la rapidité de la transformation qui s'est faite ; mais on se
demande où l'éleveur a pu trouver aussi facilement
les poulinières du type exigé. L'Angleterre n'aurait-
elle pas, par hasard, contribué à cette constitution de
la jumenterie allemande ? On serait tenté de le croire,
à voir la direction prise par l'exportation anglaise depuis qu'elle s'est si fortement accrue. Quand on exa-
mine le détail des chevaux sortis d'Angleterre en 1909,
on voit que :

19.000 furent embarqués à destination des ports de
la Hollande, dont la presque totalité ont transité sur
l'Europe centrale ;

28.000 à destination des ports belges ;

3.000 à destination des ports français ;

6.000 pour les autres pays.

L'Etat allemand n'a fait officiellement aucune importation, mais l'initiative privée et le commerce allemand n'auraient-ils pas puisé des poulinières parmi ces juments que l'Angleterre regrette si fort de voir disparaître. Il y a là un point qu'il serait intéressant d'élucider.

En somme, ce qu'il faut retenir, c'est qu'en Allemagne, c'est par une modification dans le modèle des étalons et par un bon recrutement des poulinières, que l'on est arrivé à donner à l'élevage une orientation qui lui a permis de voir venir sans crise le développement de l'automobilisme.

En Angleterre, où le service des haras n'existe pas, où tout ce qui concerne l'élevage est laissé à l'industrie privée, où les besoins de l'armée sont peu considérables (2.500 chevaux par an achetés à un prix moyen variant entre 1.080 et 1.150 francs), les procédés que l'on a adoptés pour protéger l'élevage du cheval de selle ont eu forcément un caractère très particulier.

Jusqu'ici le gouvernement anglais se bornait à répartir annuellement 28 primes, dites primes royales, de 3.750 francs chacune, attribuées dans des concours, c'est-à-dire *d'après le modèle*, à des étalons de pur sang.

« Les chevaux primés dans les Kings premium, écrit le secrétaire de la Hunters Improvment Society, sont toujours des étalons de pur sang. *Ils ne sont pas choisis sur leurs performances, mais sur leur extérieur ou leur squelette. Aussi, très souvent sont-ils très forts, compacts, épais, et sans prétention à la vitesse en course.* »

La situation créée par l'exportation excessive de ces dernières années a amené le ministre de l'agriculture, d'accord avec son collègue de la guerre, à créer une commission, présidée par lord Midleton, et composée des principales notabilités hippiques de l'Angleterre, qui a reçu la mission d'étudier les mesures nouvelles à prendre pour venir en aide à l'élevage.

Le projet arrêté par cette commission, a été exposé à la Chambre des Communes par le secrétaire permanent du ministère de l'agriculture, sir Edw. Strachey, dans la séance du 18 février dernier, et est entré en application depuis le 1er avril.

Les bases d'allocations sont les suivantes :

1. — Elevage de pur-sang.

Les 28 primes royales de 3.750 francs chaque sont remplacées par 50 primes de 50 guinées (2.500 francs environ), attribuées à 50 étalons choisis chaque année par les soins des comités de comté.

En outre, les propriétaires de ces étalons recevront les primes suivantes :

1° Par jument couverte, jusqu'à concurrence de 90, 1 guinée (26 francs), plus une somme de 3 francs pour le palefrenier ;

2° Par poulain ou pouliche obtenu, jusqu'à concurrence de 90, une prime de 15 francs ;

3° En cas de déplacements de l'étalon, un supplément de 13 francs, pour frais de voyage, par jument couverte jusqu'à 90.

De leur côté, les propriétaires des juments servies auront droit à des primes destinées à couvrir les frais de monte ; ces primes seront de 50 francs, et leur nombre de 800 par an.

II. — *Elevage du cheval non de pur sang.*

Il sera choisi chaque année, par les soins des comités de comté, 50 étalons de sang ou non, qui recevront les primes suivantes, attribuées aux propriétaires :

1° Une prime de 1 guinée (26 francs) par jument servie jusqu'au chiffre de 90 ;

2° Une somme de 6 fr. 25 par poulain ou pouliche obtenu jusqu'au chiffre de 90 ;

3° En cas de déplacements de l'étalon, un supplément de 7 fr. 50 pour frais de voyage, par jument couverte jusqu'à 90.

En outre, pour chaque monte au delà de 90, le propriétaire de l'étalon pourra exiger un droit de monte de 1 livre (25 francs).

Quant aux propriétaires des juments couvertes par lesdits étalons, il leur sera attribué 650 primes annuelles de 25 francs chacune.

De plus, le ministère achètera chaque année 200 juments de demi-sang ; elles seront mises en pension, par les soins et sous la surveillance des comités de comté, chez des fermiers soigneusement choisis qui pourront les employer à leur service, sous la seule condition de les faire couvrir chaque année, à leurs frais, par des étalons primés ; le prix de la monte ne devra pas, dans ce cas, dépasser 50 francs.

Le comité aura le droit de préemption pour acquérir, s'il le juge utile, jusqu'à l'âge de 4 ans, les poulains obtenus, afin de les employer à la reproduction.

Enfin, le ministère s'efforcera aussi, s'il dispose de fonds suffisants, d'acquérir un certain nombre des meilleurs étalons, afin de les empêcher d'être achetés par l'étranger.

Telle est, dans ses grandes lignes, l'économie du nouveau projet du gouvernement anglais.

Dans cette nouvelle organisation, il est à remarquer que *les primes les plus fortes vont au pur-sang*, qui a toujours été considéré en Angleterre comme le véritable améliorateur.

Autre remarque : le gouvernement anglais a jugé nécessaire de répartir ses encouragements à la fois sur les étalons, les juments et les poulains. Le principe est juste, mais il semble que les mesures adoptées n'embrassent pas un nombre suffisant de juments. Bien certainement, si l'on veut aboutir, on devra, dans un avenir prochain, donner des allocations plus importantes, le million actuellement accordé ne permettant de donner en quelque sorte à l'élevage que des indications, et non pas la protection réelle qui lui est indispensable.

Enfin — remarque essentielle — en Angleterre comme en Allemagne, c'est le *modèle* qui est considéré comme la base de toute amélioration.

En France, les propositions qui ont été faites pour venir en aide à l'élevage semblent ne pas avoir suffisamment envisagé la nécessité d'une orientation nouvelle.

Les uns, représentants de pays d'élevage, ont demandé une augmentation du prix d'achat du cheval de remonte. Cette augmentation, somme toute désirable, aurait l'inconvénient de n'aller qu'à une partie des éleveurs, et surtout, dans notre pays où l'éleveur et le naisseur sont très souvent deux personnes différentes, de laisser de côté les naisseurs, qui sont cependant les plus gravement atteints par la crise.

D'autres, représentants de régions de naisseurs, ont proposé que l'augmentation se fît sous la forme d'une prime au naisseur, fixée à 10 p. 100 du prix d'achat du cheval. Cette augmentation, plus juste que la précédente, soulève cependant de sérieuses objections. On dépenserait, en effet, un million et demi de plus que par le passé pour avoir exactement les mêmes chevaux, c'est-à-dire sans faire réaliser à l'élevage le moindre progrès. De plus, cette mesure, comme la précédente, n'intéresse que les naisseurs fournisseurs de la remonte, et non pas l'ensemble de tous les éleveurs français.

Ces propositions ne peuvent donc être envisagées que comme des palliatifs insuffisants pour rendre au cheval français la clientèle qui le délaisse depuis l'automobilisme, clientèle que, seule, une nouvelle orientation est susceptible de ramener.

D'autres améliorations, mais qui n'ont qu'un caractère de détail, ont aussi été réclamées. Parmi celles-ci nous n'en retiendrons qu'une. On a demandé que les subventions aux écoles de dressage, supprimées depuis 1883, fussent rétablies. Il nous semble qu'il y a là une idée très opportune. La remonte, en effet, va, dans un délai très court, acheter tous ses chevaux à 3 ans. Il en résultera que les particuliers, trouvant difficilement des chevaux de 4 à 5 ans, c'est-à-dire aptes à entrer en service, en viendront à s'éloigner de plus en plus du cheval. Il devient donc indispensable de venir en aide à ces institutions qui ont pour but de mettre le consommateur en rapport direct avec le producteur et de lui fournir des chevaux immédiatement utilisables. De plus, si l'on veut amener à nos éleveurs la clientèle étrangère qui ne trouve plus suffisamment de chevaux en Irlande, il faut leur donner le moyen de faire valoir leurs produits auprès de cette clientèle.

Si, comme il faut le souhaiter, on entre dans cette voie, ce n'est pas par des subventions globales qu'il faudra aider les écoles de dressage ; il semble qu'il soit préférable de le faire par un système analogue à celui qui est actuellement employé pour les sociétés de préparation militaire. On donne à celles-ci une somme déterminée pour chaque candidat ayant obtenu le certificat d'aptitude. De même, il serait désirable que l'on donnât à chaque dresseur qui aurait un cheval primé ou mentionné dans un concours une somme à déterminer et qui devrait être, autant que possible, égale à 100 francs. Ainsi, on développerait l'émulation entre les nombreuses petites écoles de dressage qui existent, on les aiderait à prospérer, on en verrait même augmenter le nombre, pour le plus grand bien de l'élevage, dans certains départements comme la Manche, où elles sont trop rares.

En somme, de tout ce qui précède il ressort que les mesures les plus efficaces à prendre en faveur de l'élevage sont d'abord celles qui concernent les étalons et les poulinières, et accessoirement celles qui s'adressent aux poulains. Ce sont ces différents points que nous étudierons dans les chapitres suivants, en nous plaçant au point de vue des conditions particulières de l'élevage français.

Nous examinerons donc successivement :

La question de l'étalon ;

La question de la poulinière ;

La question de la prime au naisseur.

III

Nos étalons.

Ce qu'ils sont. Ce qu'ils devraient être.

Quand on étudie l'organisation des haras français, on voit qu'ils ont été créés en vue de la défense nationale. Le décret d'organisation, signé en 1806 par Napoléon Ier, le dit nettement. La loi de 1874, par la voix de M. Bocher, son rapporteur, l'a affirmé à nouveau de la façon la plus explicite.

Le but principal de l'administration des haras doit donc être de fournir à l'armée les chevaux qui lui sont nécessaires, aussi bien en temps de mobilisation qu'en temps de paix.

Son véritable moyen d'action est dans le choix des étalons qu'elle met à la disposition des éleveurs et dont le nombre, fixé en 1874 à 2.500, a été, par deux lois successives, dites lois d'accroissement, porté à 3.000, puis à 3.500.

Or, ces étalons répondent-ils par leur type, la régularité de leur modèle, et surtout leur adaptation, aux besoins de l'armée, qui réclame deux sortes de chevaux, des chevaux de selle et des chevaux de trait léger ?

Il semble que le but, bien qu'il soit en partie atteint, ne le soit cependant qu'incomplètement.

La cavalerie, par la voix de ses représentants auto-

— 32 —

risés (1), se plaint d'avoir insuffisamment de chevaux près du sang pour la remonte des officiers et des éclaireurs, dans les dragons et les cuirassiers.

L'artillerie, de son côté, estime qu'un assez grand nombre de ses chevaux pèche par excès de taille, par insuffisance de poids et par une trop grande légèreté de membres.

Si des lacunes comme celles-là se manifestent dans la remonte tout à fait sélectionnée du temps de paix, il n'est pas douteux qu'elles seront constatées d'une façon plus sensible encore parmi les animaux de réquisition.

En résumé, tout en reconnaissant que l'ensemble du lot des étalons nationaux se compose généralement de beaux reproducteurs, l'armée considère qu'il y en a une trop forte proportion qui, par leur adaptation et leur modèle, ne répondent pas à ses besoins.

---

(1) Dans la séance du Conseil supérieur des haras du 3 décembre 1909, M. le général Bridoux, directeur de la cavalerie, a signalé que « les chevaux du Nord-Ouest étaient trop souvent longs dans leur ligne de dessus, avec un garrot bas et coupé, un mauvais passage de sangle, une épaule droite, le genou haut, le jarret loin;..... qu'au galop allongé et dans la charge, un trop grand nombre de chevaux répondaient aux sollicitations de leurs cavaliers par des efforts désordonnés se traduisant par un branle de galop en hauteur, loin de terre, pénible, laissant deviner une fatigue considérable ».

Il a ajouté qu'il avait reçu, à ce sujet, des plaintes de colonels et de généraux et « qu'il fallait avant tout à la cavalerie des chevaux aptes au galop, souples et vites. Et ces qualités, a-t-il dit, les reproducteurs de race pure pourront les donner ».

Le général Duparge, inspecteur général des remontes, a exprimé, le même jour, l'avis suivant : « Pour la cavalerie, il faut plus de sang; mais, avec le sang, il faut de la substance et un modèle bien adapté pour la selle dans des conditions d'équilibre qu'on rencontre rarement chez le demi-sang actuel, dont l'épaule et les jarrets sont mal orientés, le garrot le plus souvent coupé et la poitrine remontée... Une évolution s'impose pour revenir à un modèle plus compact, plus près de terre, bien trempé, qui pourra sans danger s'allier au pur-sang pour doter la cavalerie de chevaux de reconnaissance, dont elle a besoin, et qui offrira des ressources précieuses pour l'artillerie. »

Mais l'armée n'est pas seule à se plaindre ; on peut même dire que, dans l'élément civil, les plaintes sont plus vives encore.

Nous ne reproduirons pas les doléances que de nombreux députés et sénateurs apportent chaque année à la tribune du Parlement, lors de la discussion du budget. Qu'il nous suffise de rappeler la plus importante de ces manifestations, faite, le 15 novembre 1907, par un groupe nombreux de députés qui faisait adopter un projet de résolution ayant pour objet de détacher de l'administration des haras vingt-trois départements de l'Est et du Sud-Est. Quelle était la cause de ce mécontentement ? Pourquoi ces départements voulaient-ils échapper à l'action de l'administration des haras ? Parce que les étalons mis à leur disposition étaient, ou des carrossiers trop grands, ou des trotteurs trop grêles, ne pouvant s'accoupler avec leurs juments de trait léger.

Notons en passant que ces départements ne s'étaient jamais plaint antérieurement, quand on leur fournissait des demi-sang trapus et membrés, du type « fort-cob » ou « postier ».

En décembre 1909, nouvelle et importante protestation. Le ministre de l'agriculture reçoit une pétition de cinquante-huit députés qui demandent que, dans les régions qu'ils représentent, il ne soit plus envoyé de normands de conformation légère, trotteurs ou carrossiers, car ils sont absolument repoussés par les éleveurs comme ne pouvant produire des animaux utiles à l'agriculture.

Les mêmes récriminations se retrouvent dans les vœux des conseils généraux. Voici, à titre d'exemple, quelques vœux émis par celles de ces assemblées qui appartiennent à des régions d'élevage.

Les départements bretons demandent que l'on remplace le plus tôt possible les demi-sang normands par des postiers. La Loire-Inférieure, la Sarthe, la Mayenne émettent des vœux sensiblement analogues. Le Maine-et-Loire voudrait changer de zone, afin que les cultivateurs puissent se procurer les attelages qui leur sont de plus en plus nécessaires pour la traction des machines agricoles, attelages parmi lesquels l'Etat trouverait une pépinière de bons chevaux d'artillerie.

Dans le Puy-de-Dôme, on se plaint de ce que « les étalons des haras, étant surtout des trotteurs, ne donnent plus satisfaction au commerce, qui voudrait des animaux plus étoffés ».

Il n'est pas jusqu'à certains départements normands qui ne soient mécontents, témoin le conseil général de la Manche, qui émet une série de vœux des plus caractéristiques :

Vœu demandant l'envoi d'un trotteur de classe, mais le rapporteur ajoute : « Il est bien certain qu'il ne faut pas prendre un mauvais trotteur, parce qu'il a trotté..... On peut exiger de lui toutes les qualités de l'étalon. »

Vœu demandant que, dans les achats d'étalons trotteurs, il ne soit pas uniquement tenu compte de la vitesse, mais aussi de la *qualité des formes*.

Vœu demandant que, dans les achats d'étalons, il soit tenu compte, avant tout, de la *conformation*, « Le but de ce vœu est, dit-il, d'attirer l'attention de l'administration des haras sur des acquisitions qui, si elles ont doté les haras de chevaux de grande vitesse, ont quelquefois livré à la reproduction des animaux *susceptibles de transmettre des tares* à leur descendance, ou d'autres qui, médiocrement conformés, n'ont fait que des poulains communs et man-

quant de lignes..... Il est urgent, par une sélection
sévère dans les animaux reproducteurs, de rendre à
notre pays la réputation qu'il mérite. »

Vœu demandant que *l'administration des haras
modifie ses achats*, de façon à donner des chevaux
susceptibles de produire des poulains plus en rapport avec les besoins modernes, c'est-à-dire moins
grands, bien charpentés et distingués.

La presse spéciale apporte, elle aussi, son appoint
dans cet effort en vue d'un retour au modèle, en vue
d'une sélection sévère dans le choix des étalons.

C'est la *France chevaline*, le plus important des
organes de l'élevage du demi-sang, qui, par la
plume du plus autorisé de ses rédacteurs, écrit ce qui
suit, à la suite des achats d'étalons de 1910 (numéro
du 29 octobre 1910) :

On a acheté un nombre de trotteurs relativement élevé
pour la part de budget que l'administration supérieure lui
a attribuée, et pour la génération de 1910 qui est plutôt médiocre.

. . . .

Autour du comité d'achat, se dresse un public d'éleveurs
où il n'y a guère de profanes, et j'aime à en recueillir les
impressions. Sans crainte d'être démenti, je dirai qu'on
trouve généralement qu'on est trop indulgent pour les
aplombs antérieurs et surtout pour les panards, qui finiront
par donner des animaux absolument inserviables, en dehors
des courses, en ligne presque droite, que nous fournissent
nos grandes pistes de Saint-Cloud, Vincennes et Caen.

J'ai noté quelques panards, parmi les étalons achetés, qui
eussent dû être rejetés sans égard pour leur qualité. On l'a
fait d'ailleurs pour certains chevaux de première qualité, et
la règle devrait être égale pour tous.

Il ne faut pas laisser s'accréditer la légende que tous les
trotteurs sont panards et que c'est la race qui veut ça. Évidemment, il y a des précédents fâcheux. Nous avons des
grands étalons mal emmanchés, qui perpétuent l'erreur de
leur dynastie. On est arrivé à *un point tel qu'il y a danger*,

et que chacun devrait s'incliner devant la nécessité d'une réforme.

. . . .

Je supplie les éleveurs de songer, dans leurs accouplements futurs, à éviter de faire des chevaux trop hauts, trop enlevés, qui sont d'un placement difficile. On en a encore acheté cette année, parce qu'on ne peut faire une réforme d'un coup, mais il faut songer à rabaisser un peu la taille de l'anglo-normand, et surtout à l'obtenir plus près de terre.

. . . .

Le même journal, dans son numéro du 5 octobre 1910, insiste à nouveau pour « que l'on revienne à un cheval aussi descendu et aussi profond que possible, puisqu'il est l'objet d'une recherche manifeste aussi bien dans l'attelage que dans le type selle ».

C'est encore la *France chevaline* qui, dans son numéro du 19 août 1911, annonçant la disparition du célèbre étalon trotteur *Narquois*, se demande avec inquiétude quel trotteur prendra sa place au dépôt de Saint-Lô. Et cependant, il y a à Saint-Lô environ 90 trotteurs ! Parmi ces nombreux reproducteurs, elle ne voit guère que *Bégonia* pour remplacer *Narquois*, « quoique, dit-elle, ses jarrets fassent parfois réfléchir », ou bien peut-être *Diogène*.

Sur les 90 trotteurs de ce dépôt, il y en a pourtant qui ont été payés fort cher, tels que : *Galoubet*, acheté 20.000 francs ; *Epinal II*, 14.000 francs ; mais un homme de cheval n'oserait les recommander, tant leur conformation laisse à désirer.

C'est aussi le *Sport universel illustré*, qui, le 6 novembre 1910, rendant compte des achats d'étalons à Caen, écrit :

Les éleveurs normands ne doivent pas se dissimuler que, si la qualité est essentielle chez un cheval, elle ne produit son plein effet qu'alliée à un modèle correct.

Or, les haras, s'ils doivent prendre souci de toutes les

espèces chevalines, ont avant tout pour mission d'assurer la remonte de l'armée et de maintenir dans nos campagnes une population chevaline apte à porter l'homme en cas de mobilisation.

Leur but, en Normandie, est donc d'assurer la propagation d'une race de demi-sang, capable à la fois de servir à la traction, aux travaux de la culture, dans un modèle de cheval de selle.

... L'élevage du cheval d'hippodrome tend à faire négliger la conformation chez le trotteur comme chez le galopeur. Mais si les propriétaires d'écuries de courses ont le droit de se désintéresser de l'extérieur dans une large mesure, il n'en est pas de même des haras. Ils doivent tenir la balance égale entre la qualité et le modèle.

Le même journal, dans son numéro du 11 mars 1911, en rendant compte du concours hippique de Nantes, revient sur la nécessité de tenir plus de compte du modèle :

Dans les classes d'attelage, dit-il, les allures étaient remarquables; on a peut-être sacrifié un peu trop à la hauteur d'action, sans tenir suffisamment compte du modèle, qui, la plupart du temps, est passé au second plan.

Enfin, il n'est pas jusqu'à certains journaux locaux, comme la *Normandie chevaline*, publiée à Saint-Lô, qui ne proteste contre l'emploi d'étalons d'une taille excessive ou d'un modèle défectueux. Elle cite, notamment dans son numéro du 1er janvier 1911, l'affectation au dépôt de Saint-Lô d'un trop grand nombre d'étalons qui, à 3 ans, atteignent 1m,67 ou 1m,68 et qui feront plus tard des chevaux dépassant 1m,70.

On ne saurait trop remercier tous ces courageux journalistes, qui, au risque de mécontenter une partie de leur clientèle, n'hésitent pas à crier casse-cou à l'élevage, en lui signalant les dangers auxquels l'expose la recherche exclusive de la vitesse au détriment de la conformation. Ils font honneur à la presse, en employant l'autorité qu'ils ont acquise à la défense

du modèle dans nos races françaises, en mettant cette
autorité au service de la cause du beau cheval.

Il est un témoignage plus probant encore du dis-
crédit qui frappe les étalons des types « grand carrossier » ou « trotteur léger » : c'est celui de MM. les
inspecteurs généraux des haras et des directeurs des
dépôts d'étalons. Ceux-ci sont unanimes, dans leurs
rapports annuels, à signaler la défaveur croissante
qui s'attache à ces reproducteurs et à demander des
chevaux d'un autre modèle.

Qu'on lise attentivement les avis de ces hommes
particulièrement compétents, qui vivent au contact
immédiat des petits éleveurs, et l'on n'aura plus un
doute sur la nécessité d'une orientation nouvelle.

Tous les extraits qui suivent sont empruntés à la
brochure du ministère de l'agriculture intitulée :
Remonte des Haras. L'étalon anglo-normand, brochure qui pourrait s'appeler plus justement encore :
Le Cahier des revendications de l'élevage.

2ᵉ ARRONDISSEMENT D'INSPECTION (CENTRE). — L'inspecteur du 2ᵉ arrondissement (centre de la France)
constate, en 1908, qu'il y a, au dépôt d'*Angers*, trop
d'étalons légers et minces, dont l'emploi est de plus
en plus difficile et limité ; qu'au dépôt de *Blois*, les
éleveurs sont dégoûtés de l'élevage du demi-sang ;
qu'au dépôt de *Cluny*, les concours de poulinières et
de pouliches donnent lieu à la constatation d'un allègement très accentué de l'espèce.

Le directeur du dépôt d'*Angers* demande, soit des
postiers, soit des normands très forts et très étoffés.

Le directeur du dépôt d'*Annecy* estime que, sans
changer l'origine des reproducteurs employés dans
le département (demi-sang normands), il les faut d'un
modèle plus compact, plus près de terre.....

L'éleveur, dit-il, réclame des étalons ayant du volume, il se refuse à faire le modèle léger qu'il ne peut employer pour les travaux des champs. Il faut que les effectifs contiennent des étalons pouvant produire le genre postier, l'artilleur...

Ce qu'il faut à la circonscription, ce sont des étalons pas trop grands, près de terre, fortement charpentés. Quelle que soit leur espèce, ceux qui réuniront ces conditions seront employés....

Partout on veut du gros : s'obstiner à faire léger, c'est condamner l'élevage du demi-sang à une perte inévitable.

L'effectif serait bien approprié s'il comprenait moins d'animaux à origines brillantes, mais à conformation trop légère.

Nous aurions eu tout avantage à conserver les anciens reproducteurs normands, musclés, profonds et membrés. Dans les usages courants, on utilise peu les animaux à records; on préfère la force, qui, jointe à une vitesse honnête, fait des animaux vraiment utiles, vraiment pratiques, tant réclamés pour les usages industriels et agricoles.

Ce qui fait défaut dans l'effectif, ce sont les étalons de demi-sang ayant du volume, de la profondeur, de l'os et certains moyens.

Le directeur du dépôt de *Blois* écrit :

Il faut avoir le courage de reconnaître ses erreurs et avouer qu'une grande partie de la clientèle des stations nous a abandonnés pour se livrer à l'élevage du cheval de trait, étant désillusionnée par la production d'étalons beaucoup trop légers, trop affinés, dont les produits, impropres au service de la culture, ne trouvaient pas preneurs..... Pour être acceptés, les étalons de demi-sang devront être larges, puissants, près de terre et bien membrés.

Le directeur du dépôt de *Cluny* fait remarquer que, « si l'effectif, tel qu'il est constitué, répond bien dans son ensemble aux besoins du pays, la préférence, dans certains centres, se manifeste en faveur d'un étalon volumineux pouvant concurrencer l'étalon de trait..... Il y a lieu de modifier les conditions actuelles en plaçant dans certaines stations le genre de reproducteurs demandés par l'élevage ».

3º ARRONDISSEMENT D'INSPECTION (OUEST). — L'inspecteur général du 3° arrondissement (Bretagne et Vendée) constate que les déboires causés par les étalons normands exaspèrent les populations bretonnes et leurs représentants contre l'administration des haras.

A *La Roche-sur-Yon*, il estime que le dépôt est encombré de chevaux trop grands, enlevés et légers, et que l'abus de l'étalon carrossier, trop grand ou trop léger, a ruiné l'éleveur, qui ne « recherche désormais que des reproducteurs de trait ou de type postier.....

« ... Faire le gros cob d'une part, et, d'autre part, le beau cheval de selle de gros poids, tel devrait être l'objectif de tout éleveur vendéen conscient de la réalité. »

Le directeur du dépôt d'*Hennebont*, signale en 1908 « la défaveur croissante dans laquelle sont tenus les demi-sang normands et vendéens ».

Il cite, entre autres, une station ou deux normands ont sailli 23 juments, tandis que 136 étaient données aux deux étalons norfolk-breton et trait.

En 1909, il rend compte que les étalons les plus demandés ont été des chevaux de trait ou des postiers. « Quant aux trotteurs et carrossiers, dit-il, normands ou vendéens, ils ont été encore plus délaissés que l'an dernier. Ces étalons donnent, la plupart du temps, des produits trop grands, plats, enlevés. »

Même note chez le directeur du dépôt de *Lamballe*.

Le directeur du dépôt de *La Roche-sur-Yon* écrit en 1908 : « Les besoins ont changé ; le grand carrossier n'a plus son débouché, et partout on réclame le cheval étoffé, de taille moyenne et puissant ».

4° ARRONDISSEMENT (SUD-OUEST). — L'inspecteur général se plaint que, dans l'effectif du dépôt de *Sain-*

tes, des animaux trop grands, trop enlevés, horizon-
taux, étirés, encombrent le groupe des demi-sang,
qui devrait compter près des trois quarts en gros
cobs.

En ce qui concerne *Pau* et *Tarbes*, il signale l'inconvénient des courses au trot dans ces circonscrip-
tions et constate que les étalons de demi-sang normands y obtiennent une moyenne de saillies dérisoire.

Le directeur du dépôt de *Saintes* estime, en 1908,
que la moitié de l'effectif des demi-sang n'a ni l'ossature, ni l'ampleur voulues.

« Il est indispensable, dit-il en 1909, pour retenir la
clientèle des stations, de placer désormais à côté de
l'étalon de race pure, un reproducteur de taille
moyenne, fortement charpenté et membré ; à cette
condition, mais à cette condition seule, on peut espérer maintenir l'élevage du demi-sang dans des pro-
portions satisfaisantes.

» A la place de deux trotteurs qui disparaissent
de l'effectif, un seul suffira : les éleveurs, à juste titre,
attribuent à une bonne conformation beaucoup plus
d'importance qu'à un record extraordinaire. »

Le directeur du dépôt de *Libourne* indique la tendance des éleveurs à s'éloigner du cheval léger et
demande que les normands qu'on lui enverra soient
près de terre, très étoffés, et bien membrés, en restant dans les tailles moyennes.

Le directeur du dépôt de *Tarbes* se plaint, en 1908,
d'avoir reçu des normands plats, enlevés et manquant
de modèle.

Le directeur du dépôt de *Villeneuve-d'Agen* signale
que les stations de Tonneins et d'Agen sont celles où
il y a eu les plus grosses diminutions dans les saillies.
Ces diminutions ont porté sur les étalons trotteurs.

5° Arrondissement d'inspection (Sud-Est). — L'inspecteur général déclare que l'emploi en Auvergne du demi-sang normand, d'un modèle trop léger, écarte des stations une partie de la clientèle des éleveurs qui se rejettent sur les étalons de l'industrie privée. « Le dépôt d'Aurillac, dit-il, peut toujours employer un certain nombre de petits anglo-normands, mais il faut qu'ils soient près de terre, larges et charpentés. » Il fait des observations analogues en ce qui concerne les dépôts de Perpignan et de Rodez.

Le directeur du dépôt d'*Aurillac* demande des étalons très étoffés et du genre postier. Il se plaint des chevaux qu'on lui envoie et cite *Durcet* par *Sébastopol* (trotteur) et *Qui-Vive* (trotteur), ainsi que *Emeu* par *James Watt* (trotteur) et *Fuschia* (trotteur) comme n'ayant pas de succès dans le pays.

Le directeur du dépôt de *Perpignan* se plaint de recevoir des normands trop légers. Il les voudrait plus près de terre, plus tassés, plus ragots.

Le directeur du dépôt de *Rodez* constate que l'on ne veut plus de l'étalon carrossier ; il demande des postiers.

Même note en Limousin. L'inspecteur général demande que les reproducteurs de demi-sang soient trapus, larges et près de terre. Le directeur du haras de Pompadour exprime le même désir.

6° Arrondissement d'inspection (Est de la France). — Dans cet arrondissement, qui comprend les dépôts de Besançon, de Montier-en-Der, de Rosières et de Compiègne, et qui employait jusqu'ici un nombre élevé de demi-sang normands, on s'en éloigne de plus en plus. Cela est particulièrement fâcheux, car il est nécessaire dans ces départements de la frontière, qui ont à pourvoir aux premiers besoins des troupes de couverture, d'avoir sur place un certain nombre de chevaux du type selle, ne serait-ce que pour la mobilisation de l'artillerie.

L'inspecteur général et les directeurs des dépôts d'étalons sont d'accord pour proscrire les demi-sangs trop grands ou trop légers et pour demander des animaux amples, près de terre, bien membrés et d'une taille de 1^m,58 à 1^m,60 au maximum.

A *Montier-en-Der*, l'inspecteur général cite le trotteur *Bel-Argent* (*Pompei* et *Lavater*) qui n'a sailli que 6 juments. Sur 41 demi-sangs, 6 n'ont fait qu'une moyenne de 8 saillies. « Ces animaux constituent une non valeur et ne sont qu'un embarras pour le directeur, qui ne sait où les placer. »

Lors de l'inspection du dépôt de *Rosières*, l'inspecteur général signale le trotteur *Condé* (*Narcisse* et *Fuchsia*) qui n'a fait que 10 saillies, le trotteur *Bintré* (*Radziwill* et *Valdempierre*) qui n'en a fait que 4. « L'influence de l'administration n'est plus aujourd'hui ce qu'elle était autrefois. La cause en est à ce que nos effectifs n'ont pas toujours répondu d'une façon assez complète aux désirs des éleveurs. Trop de demi-sang légers ont été envoyés à Rosières : d'où un découragement sérieux et un virement vers le cheval de trait, plus facile à vendre. Il faut remplacer par des demi-sang étoffés, larges et près de terre, avec des os et des articulations, les animaux légers qui sont encore à l'effectif. *Si nous avions toujours eu des chevaux de ce modèle, nous n'en serions peut-être pas où nous en sommes aujourd'hui.* »

De son côté, le directeur du Dépôt de *Rosières* demande des « demi-sang normands se rapprochant le plus possible du postier de 1^m,58, rappelant les modèles d'il y a vingt-cinq ans, tels que *Provins*, *Nourrisson*, *Barrois*, *Barmen*, *Motus*, *Kroumir*, etc.

Nous ajoutons personnellement que les chevaux de
ce modèle continuent à être bien accueillis dans l'Est.
Nous trouvant en manœuvres à Mirecourt, en juin
1909, nous y avons visité la station de monte, composée de deux ardennais et de deux demi-sang : *Binage*, trotteur par *Jolibois*, et *Téhéran* par *Nizam*.
Téhéran avait 44 saillies, alors que *Binage* n'en comptait que 15. *Téhéran*, petit-fils de *The Heir of Line*,
est un fort joli cheval, bien soudé, bien membré, fait
en beau-cob. *Binage*, sans être trop mal conformé,
est un cheval léger, acheté en raison de son aptitude
trotteuse. Voilà qui prouve combien est grande l'importance attachée par les éleveurs au modèle !

1er ARRONDISSEMENT (NORMANDIE). — Nous avons
réservé pour la fin les rapports de l'inspecteur général et des directeurs des dépôts d'étalons de Normandie. On pourrait croire que ces régions se déclarent
satisfaites. On va voir, au contraire, que les officiers
des haras ne s'y élèvent pas moins vivement que leurs
collègues contre l'abus du grand carrossier et du
cheval trop léger.

L'inspecteur général écrit en 1908 :

Mon opinion personnelle est que l'effectif des demi-sang
carrossiers, au Pin, renferme trop d'animaux à quantité
insuffisante.
..... Au Pin, comme à Saint-Lô, en fait d'animaux de demi-
sang, le temps du très grand carrossier est passé; mais il
y a toujours place dans la circonscription pour le reproducteur de taille moyenne, à condition qu'il ait de belles
actions. Cette qualité est exigée plus que jamais. »

En ce qui concerne spécialement le dépôt de Saint-
Lô, le même fonctionnaire dit :

En 1908 :

L'observation la plus importante à faire est que le dépôt

de Saint-Lô a besoin d'un certain nombre de gros étalons pour lutter contre le cheval de trait. L'effectif des reproducteurs de pur sang est satisfaisant; celui des trotteurs aurait besoin d'être relevé par quelques animaux tout à fait de tête : les chevaux de 1^m,70 et au-dessus n'ont plus leur utilité.

En 1909 :

L'effectif des animaux est satisfaisant; il sera complet le jour où il contiendra un peu moins de grands carrossiers, un peu plus d'étalons de croisement réellement bons (par augmentation, j'entends augmentation de qualité), un peu plus d'animaux puissants et de type cultural, enfin un certain nombre de trotteurs de tête.
....

Il y a évidemment une crise, et une crise assez grave, mais je ne crois pas qu'il y ait pour la Normandie danger de ruine sous ce rapport. Depuis bien des siècles, elle a fait beaucoup de chevaux; elle en fera certainement pendant bien des siècles encore, avec la seule obligation de les modifier sensiblement à mesure que les besoins se modifieront eux-mêmes.

Le directeur du dépôt du *Pin* abonde dans le même sens. Il y a lieu de noter tout particulièrement la précision que ce très compétent fonctionnaire apporte dans ses appréciations :

En 1909, dit-il, toujours le même état d'esprit chez l'éleveur : accentuation de la réussite du cheval de trait et de la baisse de celui des espèces en mode de vitesse et sélectionnées sur le sang et la qualité. Je ne saurais trop répéter que, dans la circonscription du Pin, il faut lutter contre cette tendance, sans cependant le faire avec obstination sur tous les points. Plus que jamais il faut assurer l'emploi de l'étalon de demi-sang puissant, étoffé, pas trop grand, mais d'excellente origine, à hautes et belles actions; plus que jamais il est utile de doter l'effectif de beaux animaux trotteurs de haute classe, ainsi que de beaux étalons de pur sang de croisement.....

En 1909 :

Redonner confiance à l'élevage en multipliant, pour les races de demi-sang, les encouragements qui, par des exhibi-

tions constantes, finissent par créer des débouchés; donner
satisfaction sur certains points en permettant au cultivateur,
qui a parfois travaillé mal et à perte en essayant de faire le
cheval de sang, de se servir du postier; orienter de plus en
plus les races de demi-sang du côté de l'adaptation à la
selle, le carrossier, surtout le carrossier lent et majestueux,
tendant à ne plus avoir son utilité par suite du développement de l'automobilisme.....

..... L'effectif du Pin possède un nombre suffisant d'étalons
de demi-sang. Ceux qui sont sortis par mort ou réforme
devront être remplacés par des animaux aussi forts, aussi
près de terre, aussi membrés que possible, mais avant tout
de bonne origine, de conformation harmonieuse et ayant fait
preuve de qualité.

Le rapport du directeur du dépôt de *Saint-Lô* n'est
pas moins catégorique. Les appréciations de ce très
distingué fonctionnaire sont d'autant plus précieuses
à enregistrer qu'il est, depuis lors, devenu le directeur général de notre administration des haras.

En 1907, il constate que les trotteurs, sauf dans le
Mortainais, sont partout appréciés, mais « qu'on les
veut désormais assez sérieux comme conformation et
bâtis en étalons... Presque partout ailleurs, à côté des
étalons de pur sang et des trotteurs, on réclame des
chevaux tassés, forts, membrés surtout, appropriés
à un élevage moyen, qui est le propre de la grande
majorité des petits fermiers. »

Il conclut en demandant à recevoir en 1908 : 3 pur-
sang, 10 trotteurs *avec de l'importance et du modèle*,
20 carrossiers de bonne origine, aussi forts que possible, 10 gros postiers très charpentés, très membrés
surtout.

En 1908, il écrit :

J'ai dit que les remontes du dépôt de Saint-Lô compre-
naient depuis quelques années un lot plus ou moins important de chevaux très difficiles à placer et à utiliser; je dois
le répéter encore, car les animaux secondaires, qui sont en
même temps légers, deviennent presque inemployables.

Lorsqu'on les impose à certaines stations, ils éloignent plutôt la clientèle.....

Etant donnés les progrès de l'industrie trotteuse, les propriétaires de juments classées ne veulent plus les livrer qu'à des étalons de tout premier ordre, joignant un certain modèle à de très grandes performances. Quant aux trotteurs de second ordre, ils sont aussi estimés, mais leurs performances ne suffisent plus à les recommander. On exige désormais qu'ils soient étalons dans leur type, qu'ils aient assez de développement, de ligne et d'étendue pour produire des poulains joignant à leur énergie une conformation régulière.....

Je crois que la taille des reproducteurs ne devrait plus, en général, dépasser 1^m,65 ou 1^m,66. Les chevaux de 1^m,68 à 1^m,70 n'ont plus leur emploi.

En décembre 1909, MM. les inspecteurs, généraux des six arrondissements étaient entendus par le Conseil supérieur des haras au sujet de la crise actuelle. Parmi leurs déclarations, qui confirment ce qui précède, nous nous bornerons à reproduire celle de M. de Pardieu, alors inspecteur général du 1er arrondissement. On y voit combien la recherche à peu près exclusive de la vitesse a réagi d'une façon fâcheuse *sur le modèle* de nos chevaux de demi-sang.

Le procès-verbal de la séance s'exprime ainsi :

M. de Pardieu fait l'historique des courses au trot dont il a entendu parler beaucoup dans sa jeunesse, au moment de leur formation, en sa qualité de fils d'un ancien directeur du haras du Pin. Cette méthode a fait adopter en Normandie de meilleurs procédés d'élevage et a permis aux chevaux normands, qui étaient trop souvent autrefois de « beaux voleurs », de devenir des animaux de qualité : c'est un progrès. Il faut toutefois reconnaître — chose qu'avaient prévue les organisateurs des courses au trot — que la recherche de la vitesse a poussé souvent les producteurs à sacrifier plus ou moins le modèle au bénéfice des gains qu'ils escomptent. Il appartient au service des haras d'apporter à cette tendance le tempérament nécessaire. Par la nourriture et le travail, ainsi que cela s'est produit dans la race pure, les tissus des normands sont devenus meilleurs; mais parfois aussi leur conformation a perdu l'équilibre ancien. A côté

Demi-sang français.   4

des trotteurs, qui rendent, chaque fois qu'ils ont le modèle nécessaire à l'étalon, les plus grands services comme reproducteurs, il faut songer, dans les dépôts de Normandie, à l'entretien d'animaux larges, près de terre, tout en ayant le plus de qualité possible. Le cheval trapu, charpenté, membré surtout, est demandé dans bien des stations de monte de cette province et surtout de l'Avranchin, où la présence de reproducteurs de ce genre a fait remonter les moyennes des saillies.

M. de Pardieu croit également à l'utilité, en Normandie, du cheval de pur sang qui a toujours réussi en étant accouplé à des juments ayant assez d'ampleur. Il pense que le nombre de ces reproducteurs est suffisant maintenant, car il faut se souvenir que souvent les femelles issues de pur sang n'ont pas de grandes qualités laitières. L'honorable interlocuteur estime que *le trotteur, à condition qu'il soit sélectionné maintenant sur le modèle*, est toujours appelé à rendre de grands services en Normandie, mais qu'à côté de lui les reproducteurs importants, dont il vient d'être question, auront un emploi très indiqué.

Voilà ce que les officiers des haras constatent en plein pays normand.

Quant aux petits éleveurs normands, ils montrent leur manière de voir en délaissant le plus grand nombre des étalons trotteurs pour aller à ce « bourdon » si méprisé des gros éleveurs que l'on nomme le carrossier. Les 80 trotteurs qui sont au Pin, les 90 trotteurs de Saint-Lô, ont une moyenne annuelle de saillies toujours inférieure de 10 à 15 unités à celle des autres demi-sangs. Encore cette moyenne est-elle artificiellement grossie, et par suite faussée, par les étalons dits de tête (*Beaumanoir, Benjamin, Azur, Narquois, Diogène*, etc.) dont les saillies, recherchées par les propriétaires d'écuries de courses et tirées au sort, atteignent parfois par étalon le chiffre de 80 par an.

Pour avoir une impression exacte, ce n'est pas une moyenne qu'il faut considérer, ce sont les saillies des étalons pris isolément. Il existe un état qui donne ce renseignement, état peu connu, et qui n'a cependant rien de confidentiel, car chaque directeur en envoie annuellement un exemplaire à la préfecture et un autre à l'administration des Domaines, où on peut le consulter. L'examen de cet état fait ressortir qu'il est, en Normandie, nombre de trotteurs qui saillissent de une à dix juments par an ! Cet état serait bien plus suggestif encore s'il donnait la taille rectifiée des chevaux (1). On y verrait combien les services des reproducteurs trop grands sont peu recherchés.

C'est que, en Normandie comme ailleurs, le *petit éleveur*, ce petit éleveur qui nous préoccupe tant, parce qu'il représente le fond de l'élevage français, ne peut se contenter du cheval d'hippodrome, quels que soient ses records. Il lui faut, avant tout, un cheval d'*un beau modèle* et d'une adaptation déterminée, s'il veut trouver acquéreur.

Ainsi, les corps élus, l'armée, l'administration des haras, tous les pays d'élevage, y compris la Normandie, sont d'accord pour réclamer un cheval d'une conformation belle et régulière et pour proclamer la nécessité de tenir plus de compte du *modèle* que par le passé. Tous déclarent qu'agir autrement serait aller à la ruine.

Devant une pareille unanimité, il semblerait que la question est tranchée. Il n'en est malheureusement rien. Il est un groupement puissant — non pas par le nombre, car il ne représente qu'un chiffre de gros éleveurs relativement restreint, mais puissant par ses appuis, puissant par sa presse, puissant par ses ressources qu'alimentent sans cesse les recettes de l'hip-

---

(1) Il est à souhaiter que l'administration des haras donne, à l'avenir, cette indication, en faisant rectifier les tailles quand les chevaux ont atteint 7 ans, c'est-à-dire une fois la croissance terminée.

podrome — il est, disons-nous, un groupement qui prétend continuer à imposer aux éleveurs de toute la France le cheval d'hippodrome quand bien même son modèle laisserait à désirer.

Rien n'est plus caractéristique à ce point de vue que le vœu émis, le 31 août 1910, par la Chambre syndicale des éleveurs de demi-sang.

Nous nous faisons un devoir de le reproduire intégralement, en mettant toutefois en majuscules les passages qui en caractérisent la tendance :

La Chambre syndicale des éleveurs de chevaux de demi-sang en France, dans sa séance du 31 août 1910,

Considérant que la raison d'être du cheval est la qualité, et QU'ELLE DOIT TOUJOURS PASSER AVANT LE MODÈLE, CELUI-CI VARIANT SELON LES JUGES, ET LA QUALITÉ SEULE DONNANT AUX PROPRIÉTAIRES DE RÉELLES GARANTIES D'UNE JUSTE APPRÉCIATION;

Considérant que l'affirmation ci-jointe du président de la Chambre syndicale des marchands de chevaux de Paris est concluante sur ce point, et qu'elle a d'autant plus d'importance que le commerce des chevaux atteint annuellement un chiffre de 30 millions à Paris; qu'un des plus importants marchands n'a pas craint de dire qu'il n'avait plus d'acquéreurs pour les chevaux qualiteux, et que les autres seraient d'ici peu invendables;

Considérant que LES REPRODUCTEURS LES PLUS EN RENOM, MALES ET FEMELLES, ONT ÉTÉ RAREMENT D'UN MODÈLE PARFAIT, mais qu'ils avaient toujours pour eux une qualité incontestable ou une origine excellente;

Considérant que ce sont les jumenteries où la qualité est démontrée et où les origines sont les meilleures, qui ont donné le plus de satisfaction par leurs produits et ont fourni les reproducteurs les plus sûrs, que ce soit dans les haras nationaux ou dans les haras particuliers, qu'il est donc indispensable d'apporter la plus grande attention à l'origine des mères;

Considérant que ces animaux ont nécessité à leurs propriétaires de grands frais pour mettre en valeur leur qualité, et qu'il y a lieu de tenir compte que, d'un autre côté, ces animaux constituent une richesse hippique considérable pour notre pays, il importe de la conserver et même de l'accroître;

Considérant que les chevaux de courses apportent à l'administration des haras des sommes très considérables, par
le prélèvement du pari mutuel; que cet argent ne peut être
mieux employé qu'à essayer de rendre rémunératrice la production des races d'élite par des achats plus importants dans
cette catégorie, et qu'il est également de toute justice de ma-
jorer les prix d'achat puisque les ressources fournies par
ces chevaux en 1910 sont plus importantes que jamais.

Emet le vœu à l'unanimité que l'administration des haras
achète tout d'abord tous les chevaux DE QUALITÉ DÉMONTRÉE,
DU MOMENT QUE LEUR MODÈLE EST SUFFISANT, et qu'elle majore
les prix d'achat afin de permettre aux éleveurs de mettre
davantage en lumière la valeur réelle de leurs animaux, au
lieu de laisser aux acheteurs officiels le rôle ingrat et aléa-
toire de deviner la qualité sous des apparences le plus souvent trompeuses.

On avait vu jusqu'à présent l'action des éleveurs de
demi-sang s'exercer par de puissantes interventions
qui obligeaient les haras à acheter 30 à 35 étalons
trotteurs par an, sans se préoccuper de savoir s'il
serait présenté un nombre aussi élevé d'animaux
bâtis en reproducteurs. De là vient la présence dans
les dépôts de trop nombreux trotteurs qui donnent
lieu aux récriminations que nous avons reproduites.
Mais cette pression ne s'était jamais exercée ouverte-
ment ; elle échappait au grand public. C'est la première fois que la Chambre syndicale du demi-sang
prend position aussi nettement en faisant connaître
ses exigences par la voie de la presse.

Aussi ne saurait-on protester trop vivement contre
cette prétention de gens qui, alors qu'ils se partagent
annuellement plusieurs millions d'encouragements spéciaux, voudraient condamner la masse des petits éleveurs français à l'emploi d'étalons qui les ruinent,
à la fabrication de chevaux mal faits et sans adaptation pratique.

De conception plus large qu'eux, nous acceptons
le trotteur, mais nous exigeons qu'il soit bien con-

formé. A la formule « *La qualité doit toujours passer
avant le modèle* », nous opposons, et cela d'une façon
absolue, la formule « *La qualité dans le modèle* ».

Une semblable attitude du syndicat du demi-sang
est d'autant moins explicable qu'actuellement le trotteur jouit en France d'un traitement de très grande
faveur. Alors que les étalons de demi-sang non quali-
fiés trotteurs sont payés par les haras de 5.000 à 8.000
francs, les trotteurs obtiennent de 9.000 à 20.000
francs, leur prix d'achat s'élevant avec leur record.
Vouloir imposer ces chevaux quand ils sont mal faits,
constituerait véritablement un procédé par trop bis-
marckien. On nous forcerait à nous souvenir que la
France est le seul grand pays d'Europe où la vitesse
au trot intervienne dans le choix des reproducteurs.
On nous forcerait à rappeler que c'est en tenant
compte du *modèle*, et uniquement sur des épreuves au
trot et surtout au galop usuels, que l'Angleterre, l'Allemagne et tous les pays qui ont su se constituer de
belles races y sont parvenus et que, dans ces pays,
cela est, pour les gens du métier, un étonnement de
nous voir acquérir des étalons sur un record de vitesse au trot (1).

En présence de pareilles tendances, il n'est pas inutile de remonter à l'origine des courses au trot et de
rechercher quel a été le but de cette institution.

Le rapport adressé par le général Fleury, chargé
de l'administration des haras, au maréchal Vaillant,
ministre de la maison de l'Empereur et des beaux-arts,

(1) Voir les rapports établis par le conseiller allemand de Gra-
bensee et par M. de Oelken, actuellement directeur du grand haras
prussien de Trackenen, à la suite d'une mission remplie par eux en
France. Se reporter aux protestations auxquelles a donné lieu, en
1909-1910, l'importation en Irlande de quatre étalons d'origine trotteuse, protestations qui n'ont pris fin que quand il a été officiellement déclaré que ces chevaux n'étaient pas destinés aux centres
qui produisent le cheval de selle.

en présentant à sa signature l'arrêté du 16 mars 1866, qui est encore actuellement la chartre des sociétés de courses, s'exprime ainsi :

A côté de la Société d'encouragement, s'occupant exclusivement du cheval de pur sang, dont le critérium est la course plate au galop, se sont fondées récemment deux grandes sociétés, vouées à l'amélioration du cheval de service et de guerre : l'une, la *Société des steeple-chases*, protégeant l'élevage des chevaux de selle au moyen de courses d'obstacles; l'autre, la *Société du cheval français de demi-sang*, distribuant sous forme de prix de courses au trot, de généreux encouragements aux chevaux destinés à l'attelage.

C'est donc pour encourager le cheval d'attelage qu'a été créée la société du demi-sang.

Par la suite, en raison de l'absence d'unité de vues qui a régné depuis quarante ans dans la direction imprimée à l'élevage français, cette société a petit à petit dévié de son but et en est arrivée à se poser en productrice de l'élevage de nos chevaux de cavalerie, c'est-à-dire du cheval de selle.

De plus, alors qu'il avait été admis, lors de la création de la société, que ses courses seraient, avant tout, des épreuves de fond et qu'elles comporteraient, en principe, des distances de 4.000 mètres, il est advenu que, dans un but uniquement commercial, pour avoir des champs nombreux susceptibles d'attirer le public et d'assurer de grosses recettes, les distances ont été considérablement réduites. Actuellement, quand on étudie un programme de la société du demi-sang, on n'y trouve que tout à fait exceptionnellement des courses de 4.000 mètres. Les distances descendent parfois jusqu'à 2.300 mètres.

C'est cette diminution des distances, jointe à la multiplicité des courses, qui est, aux yeux de la plupart des meilleurs juges, la cause de l'allègement si marqué de nos chevaux trotteurs et de leurs dérivés.

En même temps, par une véritable dénaturation du mot « qualité », on faisait résider uniquement la qualité dans la vitesse au trot. C'est à ce point, que l'on ne dit plus en Normandie : « un trotteur » ; on dit : « un cheval de qualité ». Les chevaux n'ayant pas couru au trot, eussent-ils les meilleures origines, fussent-ils même, comme cela est le cas le plus souvent, fils d'étalons trotteurs, y sont traités dédaigneusement de « bourdon ». Il y a là une hérésie que nous aurons l'occasion de réfuter plus loin, quand nous examinerons à quelles conditions doit répondre un cheval vraiment complet.

On voit par ce qui précède que le syndicat du demi-sang n'est pas qualifié pour poser en principe *que la qualité, c'est-à-dire le record au trot, doit toujours passer avant le modèle* (1). En agissant ainsi, il sort de la sphère d'influence que l'arrêté du 16 mars 1866 a attribuée au trotting. Et c'est précisément parce qu'il en est trop souvent sorti que le modèle de nos demi-sang donne lieu aujourd'hui à tant de critiques de la part des gens les plus compétents, tels que les fonctionnaires des haras.

On a essayé à plusieurs reprises de réhabiliter le trotteur en le faisant galoper. Une course plate dotée de 10.000 francs a eu lieu notamment à Caen, à l'occasion des fêtes du Millénaire de la Normandie. Mais, alors que l'armée demande des chevaux de fond susceptibles de galoper 6.000 à 7.000 mètres en terrain varié, les observateurs attentifs ont vu, avec surprise, cette course se disputer sur 1.500 mètres, et cependant la plupart des concurrents étaient des chevaux de 5, 6 et même 7 ans ! Ils ont de plus constaté que les

(1) La question de la vitesse au trot est, du reste, sans intérêt pour l'armée. Aucune cavalerie au monde n'emploie un trot supérieur à 240 mètres à la minute, soit le kilomètre en 4'20".

records au trot des concurrents étaient médiocres, à
ce point que la plupart d'entre eux n'eussent pu figu-
rer dans une course importante à Saint-Cloud, ou à
Vincennes ; et cependant il s'agissait d'un prix de
10.000 francs !

Ils ont enfin remarqué — et ce fait est assez caractéristique — que la plupart des meilleurs trotteurs
n'étaient pas placés, tels que : *Duchesse*, 1'34"1/4 ;
Metz, 1'35"7/8 ; *Friquette*, 1'35", comme si l'aptitude
au galop était en raison inverse de l'aptitude au trot(1).

Il serait évidemment excessif de tirer une conclusion ferme d'une seule course ; il y a là toutefois un
point qui mérite d'être approfondi, si les courses au
galop pour trotteurs se développent. A ce point de
vue, il serait à désirer que les vrais trotteurs, les per-
formers en 1'28", 1'29", 1'30", 1'31" viennent, à la
fin de leur carrière, prendre part à ces épreuves, qui
risquent sans cela d'être des prix de consolation pour
trotteurs de dernier ordre.

Toutes ces considérations, si intéressantes qu'elles
soient, sont cependant secondaires, car ce que l'éleveur reproche à la plupart des trotteurs, c'est leur
légèreté, c'est l'insuffisance de leur conformation. Peu
lui importe qu'on les fasse galoper, ce n'est pas cela
qu'il demande.

Fort heureusement, si le syndicat du demi-sang
comprend une proportion importante de gros éleveurs

---

(1) *Giroflée*, classée 1", a trotté en 1'38"3/4 et gagné 3.640 francs.
Harmonie-IV, classée 2", a trotté 1'35"5/8 et gagné 2.070 francs.
Beuyère, classée 3", a trotté 1'40"1/4 et gagné 3.816 fr. 65.
Gachette, classée 4", a trotté 1'39"9/16 et gagné 2.050 francs.
Frivolité-II, classée 5", a trotté 1'38"1/5 et gagné 5.135 francs.
Non placés : *Duchesse*, 1'34" (7.265 francs); *Friquette*, 1'35" (7.690
francs); *Metz*, 1'35" (3.370 francs); *Harlette*, 1'36"3/4 (3.640 francs);
Gondolier, 1'39" (4.243 francs); *Hoche-V*, 1'39" (4.600 francs); *Hugue-
note*, 1'44' (néant); *Hoche-IV*, 1'43" (226 francs).
Les sommes ci-dessus représentent ce que ces chevaux ont reçu
comme gagnants et comme placés, 2", 3", 4" et 5".

marchands, qui (cela est fort humain) sont surtout préoccupés de leurs intérêts particuliers, il se trouve, dans le comité des courses de demi-sang, un certain nombre de véritables hommes de cheval, dont l'influence, il faut l'espérer du moins, arrivera à être suffisamment prédominante pour remédier aux exagérations et aux erreurs dans lesquelles cet élevage est tombé. C'est à eux qu'il appartient de provoquer les mesures qui, en rendant au *modèle* la place qu'il doit avoir, sauvegarderont la beauté de nos races françaises. Il semble toutefois que ce n'est pas dans la course au galop qu'ils devront chercher la solution du problème. Les courses, que ce soit au trot ou au galop, ont toujours été une cause d'allègement de l'espèce. La vraie, la seule solution est dans *des concours de modèle*, avec des jurys peu nombreux, vraiment compétents, *indépendants des influences locales*, comme cela a lieu dans les grands concours d'Islington et de Dublin, jurys qui écarteront impitoyablement les animaux légers ou de conformation défectueuse. L'heure est venue où, pour contrebalancer l'exagération des courses, une partie importante des recettes des sociétés devrait être, et cela dans toutes les races, obligatoirement consacrée à des concours de modèle. Cela serait, sous une forme nouvelle et mieux appropriée, une adaptation à nos mœurs actuelles de l'arrêté ministériel du 26 avril 1849, qui exigeait, avant l'admission sur le turf, la visite préalable du cheval engagé pour contrôler l'absence de tares héréditaires et sa bonne conformation.

Quel est donc ce *modèle* si ardemment réclamé ?

Le modèle dépend évidemment de l'adaptation du cheval, selon qu'on le destine à la traction ou à la selle.

Pour la traction, l'artillerie réclame un cheval près de terre, bien charpenté, fortement membré, bien trempé, d'un poids de 475 à 525 kilos et d'une taille de 1ᵐ,52 à 1ᵐ,62. C'est en somme ce que veulent les officiers des haras quand ils demandent, dans leurs rapports annuels, des carrossiers de taille moyenne, des postiers, de forts cobs.

Pour ce qui est du cheval de selle, nous allons passer la parole à un des cavaliers les plus marquants de notre pays, à un homme qui, en formant à Saumur dix générations d'officiers, a acquis une expérience que peu de gens possèdent, et qui, par la sûreté de son jugement, fait autorité dans le monde de l'équitation.

Le service du cheval de selle — dit le colonel de Montjou dans les remarquables conférences qu'il faisait comme écuyer en chef à Saumur — le service du cheval de selle est de tous le plus exigeant, non seulement à cause du poids à porter, mais en raison de l'énergie, de l'adresse, de la rapidité, de l'endurance qu'exigent les parcours accidentés et hérissés d'obstacles, les évolutions rapides sur tous les terrains.

Il faut, sous peine d'insuffisance, que le cheval de selle ait à la fois :

Du modèle;

Un équilibre naturel;

De la qualité.

Sans le *modèle*, le poids est mal réparti, le cheval est exposé aux blessures, manque d'assurance dans sa marche et est appelé à se ruiner hâtivement.

L'examen détaillé de l'extérieur du cheval doit suffire, à un observateur expérimenté, à en déterminer l'adaptation.

L'*équilibre naturel*, qui est forcément fonction du modèle, comprend en plus la faculté, pour le cheval, d'être, en toutes circonstances et à toutes les allures, maître de ses forces, de pouvoir s'équilibrer facilement sous le poids, passer aisément d'une allure vive à une allure lente, d'être souple et liant dans ses actions, en un mot — le caractère mis à part — d'être confortable au cavalier et facile à monter, dès les débuts de son dressage.

L'équilibre naturel est la qualité qui commande la répartition normale entre les soutiens postérieurs et antérieurs.

La *qualité*, c'est la valeur morale et intrinsèque du sujet. Elle comprend :

La trempe ou la résistance des organes en vue de la fonction à remplir;

Le sang, qui consiste dans une énergie exceptionnelle, une grande excitabilité nerveuse qui font que l'organisme est capable de résister aux causes ordinaires d'affaissement;

Le fond, qui est l'endurance dans un mode d'utilisation quelconque.

Le modèle ou l'équilibre naturel, seuls, ne sont pas des garanties suffisantes pour un cheval de selle, pas plus que la qualité sans le modèle.

Un cheval bien construit, bien adapté, même au service auquel il est destiné, peut être une rosse sans qualité, comme un cheval ayant beaucoup de qualité peut être mal fait et répondre mal aux exigences auxquelles il est soumis.

Dans son ensemble, la conformation du véritable cheval de selle doit avant tout lui assurer force et légèreté. Nous dirons, avec les cavaliers de tous les temps, qu'il doit être osseux, anguleux, ogival, bâti en coin, avoir :

Une tête légère et bien attachée;
Une encolure bien sortie;
Un garrot prolongé en arrière;
Un dos bien tendu et bien orienté, mais pas horizontal;
Un rein court et fort;
Une croupe longue, large, puissante, moyennement inclinée;
Une grande hauteur de poitrine;
Une épaule longue, inclinée, à sa place;
Des aplombs réguliers;
Des articulations fortes, larges et sèches;
Des canons courts, de bons membres, de bons pieds,
Et surtout du sang, — du sang qui est l'apanage des races pures, qui donne la qualité, qui fait le galopeur (1).

_____

(1) Ce sont ces qualités que les affiches mensuelles de la remonte résument comme suit :

Caractéristiques du cheval de selle. — Le cheval de cavalerie doit avoir : le sang, qui donne l'énergie nécessaire pour soutenir les allures rapides; le gros, qui donne la puissance pour les parcours en terrain varié et sous de forts poids; l'épaule oblique, qui

Dans cette belle description du cheval de selle, nous soulignerons la définition de la *qualité*, qui comprend la *trempe*, le *sang*, le *fond*.

Que nous voilà loin de la théorie qui la fait reposer uniquement sur un record de vitesse au trot ! Et combien justement il est dit que le modèle ou l'équilibre naturel ne sont pas des garanties suffisantes, *pas plus que la qualité sans le modèle !* Voilà qui remet les choses en place et qui répond à ceux qui font du mot « trotteur » le synonyme de « cheval de qualité ».

En présence des plaintes unanimes que soulevaient la situation de notre élevage, le ministère de l'agriculture ne pouvait rester indifférent.

Il convoquait le Conseil supérieur des haras, et mettait à l'étude la question du recrutement des étalons de demi-sang.

Cette haute assemblée émettait l'avis suivant :

Le Conseil supérieur des haras, considérant, d'une part,

Que MM. les inspecteurs généraux sont unanimes à réclamer des étalons d'une conformation irréprochable et adéquate au service auquel on destine le cheval;

Considérant, d'autre part, qu'il y a lieu de donner satisfaction aux demandes des représentants du ministère de la guerre, en ce qui concerne le cheval de cavalerie et le cheval d'artillerie;

Emet l'avis qu'à l'avenir il soit tenu un compte sérieux du *modèle et de la taille*, dans les achats d'étalons de demi-sang du Nord-Ouest.

---

est la caractéristique de l'aptitude au galop; le garrot prolongé en arrière et le passage de sangles bien dessiné, qui assurent, dans les meilleures conditions, la place de la selle et, partant, donnent au cavalier et au cheval l'équilibre et l'aisance désirables; le rein court et bien soudé, qui permet de porter du poids; la poitrine descendue, qui est l'indice d'un grand développement des organes respiratoires; la régularité des aplombs et la trempe des membres, qui sont la garantie de leur bonne conservation; les articulations bien descendues et bien fournies, qui donnent aux mouvements la force et la souplesse.

Ces étalons devront répondre aux différents types suivants :

Etalons carrossiers. — Les carrossiers devront être des chevaux près de terre, bien membrés, fortement charpentés, avec de la distinction, et d'une taille de 1^m,60 à 1^m,65 *au maximum, une fois la croissance terminée, c'est-à-dire à huit ans;*

Etalons postiers. — Les postiers devront être larges, compacts, près de terre, bien membrés, bien trempés et d'une taille moyenne;

Etalons de selle pour poids lourds. — Ces étalons devront être bien équilibrés, près du sang, d'une conformation irréprochable, avec l'épaule très oblique, les membres forts et bien orientés, d'une taille de 1^m,60 à 1^m,65 au maximum.

Ils seront soumis à une épreuve au galop à la vitesse de 340 mètres à la minute, ayant pour but de permettre de se rendre compte de leur équilibre et du coulant de leur allure.

Etalons trotteurs. — Les trotteurs seront sélectionnés sur le modèle. Ils devront être près de terre, bien conformés dans leur dessus, avec des membres forts et bien orientés, et d'une taille ne dépassant pas 1^m,65 (1).

---

(1) Il est intéressant de rapprocher du vœu émis par le Conseil supérieur des haras les demandes faites en Angleterre, en ce qui concerne les étalons, par M. Philpotts Williams, secrétaire de la Cornish Broodmere Society, demandes qui semblent y avoir été fort bien accueillies des éleveurs.

M. Philpotts estime que l'on devrait admettre quatre types d'étalons :

1er *type* (étalon de pur sang pour poids légers). Il donne comme type *Battlement,* d'une taille de 1^m,62 avec 0,21 1/4 de tour de canon;

2e *type* (étalon de pur sang pour gros poids).

Ce type lui paraît être bien représenté par *Pantomime,* du haras de Compton, cheval d'un volume et d'une ossature remarquables, d'une taille de 1^m,62 et qui mesure 0,22 1/2 de tour de canon;

3e *type* (hunter pour gros poids). Il le veut très important et donne comme exemple *Springald-II,* qui fait la monte en Cornouailles, demi-sang très fort, issu d'un père de pur sang et d'une mère de demi-sang. Ce cheval mesure 1^m,62 et a 0,23 de tour de canon;

4e *type* (cheval d'attelage susceptible de remonter l'artillerie). Il demande un cheval d'une taille de 1^m,58, d'une forte charpente, avec des pieds et des membres irréprochables.

Comme on le voit, il n'est question, dans ce desideratum, de performances d'aucune nature. Le choix de l'étalon y est basé sur le modèle, la taille et la membrure.

Le Conseil supérieur des haras, dans cet avis, tient compte — et cela avec la modération que comporte toute transition — des plaintes auxquelles a donné lieu l'excès de taille de beaucoup de nos demi-sang actuels (1). En classant les étalons d'après leur adaptation, en carrossiers, postiers, chevaux de selle et trotteurs, il donne satisfaction à l'armée et aux différentes régions d'élevage, qui pourront recevoir dorénavant des étalons adaptés aux services auxquels l'éleveur destinera son cheval. Enfin, et c'est là le point important, le Conseil supérieur proclame la nécessité du *modèle* et, sans entrer dans trop de détails, précise du moins les beautés extérieures principales à exiger de chaque catégorie d'étalons.

Ce n'est pas la première fois que cette assemblée est appelée à se prononcer sur la question de l'étalon. Un avis analogue émis par elle en 1906 et qui, pour être moins précis dans les détails, n'en était pas moins ferme, est resté lettre morte. Le mystérieux chef d'orchestre, dont nous avons parlé précédemment, qui préside aux destinées de notre élevage, est, hélas ! intervenu et a prononcé un veto qui a rendu vains tous les essais de réalisation de l'administration des haras.

Verra-t-on cette fois encore des interventions occultes faire échouer ce nouvel effort de l'élevage français vers un avenir meilleur ?

Espérons qu'il n'en sera rien.

Jamais, en effet, la situation n'a été plus favorable pour la direction des haras. Soutenue par l'opinion et

---

(1) La taille demande à être prise avec une exactitude rigoureuse. Trop souvent on emploie, notamment dans les achats d'étalons et les concours, ce qu'un des porte-parole de l'élevage normand appelle « *une toise intelligente* ». Cela consiste à avoir un opérateur qui surbaisse ou surélève l'instrument selon le cas, ou, mieux encore, à habituer les chevaux trop grands à se camper sous la toise, diminuant ainsi leur taille de quelques centimètres.

par la très grande majorité des représentants du pays,
aidée par un corps de fonctionnaires unanimes,
comme nous l'avons vu, à demander une orientation
nouvelle, il lui suffira de vouloir.

Qu'elle prenne sans retard ses décisions, qu'elle les
fasse connaître, non par des circulaires limitées aux
seuls fonctionnaires de l'administration, mais par des
communications à la presse, par des affiches officielles, s'adressant à tous ceux qui s'intéressent à l'élevage. Il faut, en effet, prévenir les éleveurs à l'avance.
Il faut les prévenir avant la castration des poulains
de 18 mois, afin qu'ils puissent sans retard se procurer les animaux du type voulu. Une large publicité
évitera toute hésitation, en dissipant l'incertitude qui
pourrait exister dans l'esprit de certains d'entre eux.

Rien n'est, du reste, plus aisé que de mettre au courant des exigences nouvelles de l'administration les
vendeurs habituels d'étalons. Ils sont 36 qui, en 1910,
ont fourni à Caen les 120 étalons achetés par l'Etat.
Si l'on en ajoute 12 ou 15 pour la Vendée et la Saintonge, cela fait un total de 50 gros éleveurs, toujours
les mêmes, qui sont les fournisseurs attitrés des haras. Il suffit de leur dire bien nettement ce que l'on
veut. Ils sauront le trouver chez les naisseurs de ce
pays aux immenses ressources chevalines qu'est la
Normandie. Que si, par esprit de routine, par difficulté de rompre avec de vieilles habitudes, il en est
qui persistent à amener des chevaux trop grands, trop
légers, ne répondant pas au modèle voulu, les haras
ont à leur disposition le meilleur des procédés de
persuasion. Qu'ils majorent les prix des étalons de
selle pour poids lourds, les prix des postiers très bien
faits, en diminuant d'autant celui des carrossiers trop
grands ou des trotteurs mal faits. C'est là un argument convaincant dans tous les pays, et peut-être plus

encore en Normandie que partout ailleurs. On paie
actuellement les trotteurs de 9.000 à 20.000 francs, les
carrossiers de 5.000 à 8.000 francs. Que l'on donne de
6.000 à 8.000 francs pour un bon postier, de 8.000 à
15.000 francs pour un étalon de selle pour poids
lourd, ce qui n'est après tout que le prix d'un trotteur
de deuxième ordre, et on verra sortir de terre des
étalons ayant les modèles demandés.

Ce sera vite fait pour les postiers, car, il n'y a pas
si longtemps, quinze ou vingt ans tout au plus, que la
Normandie en fournissait, et cela à leur entière satisfaction, aux pays d'élevage secondaire, tels que l'Est,
le Sud-Est, le Centre. L'évolution sera peut-être un
peu plus longue pour les étalons de selle pour poids
lourd, mais il suffit d'avoir vu dans les concours les
superbes animaux que sont *Faridondon*, *Torpilleur*,
Dandolo, etc., pour comprendre que les admirables
herbages de notre pays sont capables de produire ce
genre de cheval. Peut-être même pourrait-on y aider
en ouvrant tous les concours de selle aux poulains en-
tiers du type poids lourd, âgés de 3 ans. On sauverait
ainsi de la castration les plus beaux d'entre eux.

Enfin, il est une disposition qu'il convient d'adopter
sans retard : c'est de constituer dès maintenant, dans
chaque dépôt d'étalons, parmi les chevaux existants,
le lot, si restreint soit-il, des postiers et des étalons
de selle. Il faut que l'aptitude de ces reproducteurs
soit indiquée à l'avenir sur les affiches de monte,
comme cela a lieu pour les carrossiers et les trotteurs.

Telles sont les principales mesures qui s'imposent
tout d'abord. Elles suffiront à orienter les éleveurs
vers les types nouveaux.

Quant aux vendeurs d'étalons, ils n'ont pas à re-
douter l'évolution demandée ; il semble même qu'elle

Demi-sang français. 5

doive augmenter leurs bénéfices. Non seulement ils vendront à l'administration des haras autant de reproducteurs que par le passé, et ils les vendront aux mêmes prix rémunérateurs, mais encore, quand ils présenteront ce cheval bien fait, près de terre, fort et membré, que tout le monde réclame, ils verront accourir une pléiade d'acheteurs étrangers. Ils retrouveront bien des clients qu'ils ont perdus. Qu'ils se souviennent des critiques auxquelles la taille et la conformation de leurs chevaux a parfois donné lieu, même chez leurs acheteurs les plus fidèles, tels que les Japonais, qui, après n'avoir fait que des achats insignifiants, presque nuls en 1910, ont porté leur choix en 1911 exclusivement sur des chevaux profonds et dont la taille n'avait rien d'excessif ! Il y a là pour eux une indication. Comme le leur dit l'ancien inspecteur général de leur arrondissement dans son rapport de 1909, ils ont l'obligation de modifier le modèle de leurs chevaux, à mesure que les besoins se modifient eux-mêmes.

Mais il y a mieux encore : l'orientation nouvelle assurera l'avenir de leur industrie. Nous avons vu que nos petits éleveurs, faisant naître un cheval pour lequel il y a peu de demandes, se découragent et diminuent leur jumenterie. On les verra la reconstituer le jour où, par des étalons appropriés, on les mettra à même de fabriquer ce cheval de poids lourd et de poids moyen, que l'Angleterre, nous l'avons dit, n'arrive plus à reproduire en quantité suffisante devant l'accroissement formidable de la demande étrangère.

Ce cheval, nos merveilleux herbages de Normandie, de Vendée, de Saintonge et du Charolais nous mettent en situation de le faire aussi bien que l'Irlande. Avec lui, on verra un relèvement de la production française et un surcroît de prospérité dont seront les premiers à bénéficier ceux qui font le commerce des étalons. Une aggravation de la crise actuelle, au contraire, aurait sur leur industrie une répercussion des plus fâcheuses, car elle entraînerait fatalement dans l'avenir une diminution du nombre des étalons.

NOTA. — *Afin d'éviter toute fausse interprétation, nous tenons à bien établir :*

1° Que le nombre des étalons de demi-sang qui prêtent à la critique varie, selon de bons juges, entre le 1/4 et les 2/5 de l'effectif, dans la plupart des dépôts, sauf au dépôt du Pin, où le recrutement a toujours été l'objet d'une sélection particulière et où cette proportion est moindre ;

2° Que si le « trotteur » se trouve mis en cause dans le présent chapitre, ce n'est nullement par le fait d'un ostracisme particulier. Quand nous rencontrons un trotteur bien fait, nous le saluons avec le plaisir qu'éprouve tout homme de cheval en présence d'un beau cheval.

Nous ne visons ici que les trotteurs légers, trop grands et dont le modèle laisse à désirer. Nous voulons simplement affirmer qu'un record de vitesse ne doit en aucun cas faire passer sur une défectuosité de conformation. Les petits éleveurs, en effet, n'ont pas le choix de leurs étalons ; ils sont forcés d'aller à ceux de l'État. On n'a, par suite, pas le droit de leur imposer un étalon critiquable. De là, résulte pour l'Etat l'obligation d'écarter tout reproducteur qui laisse à désirer.

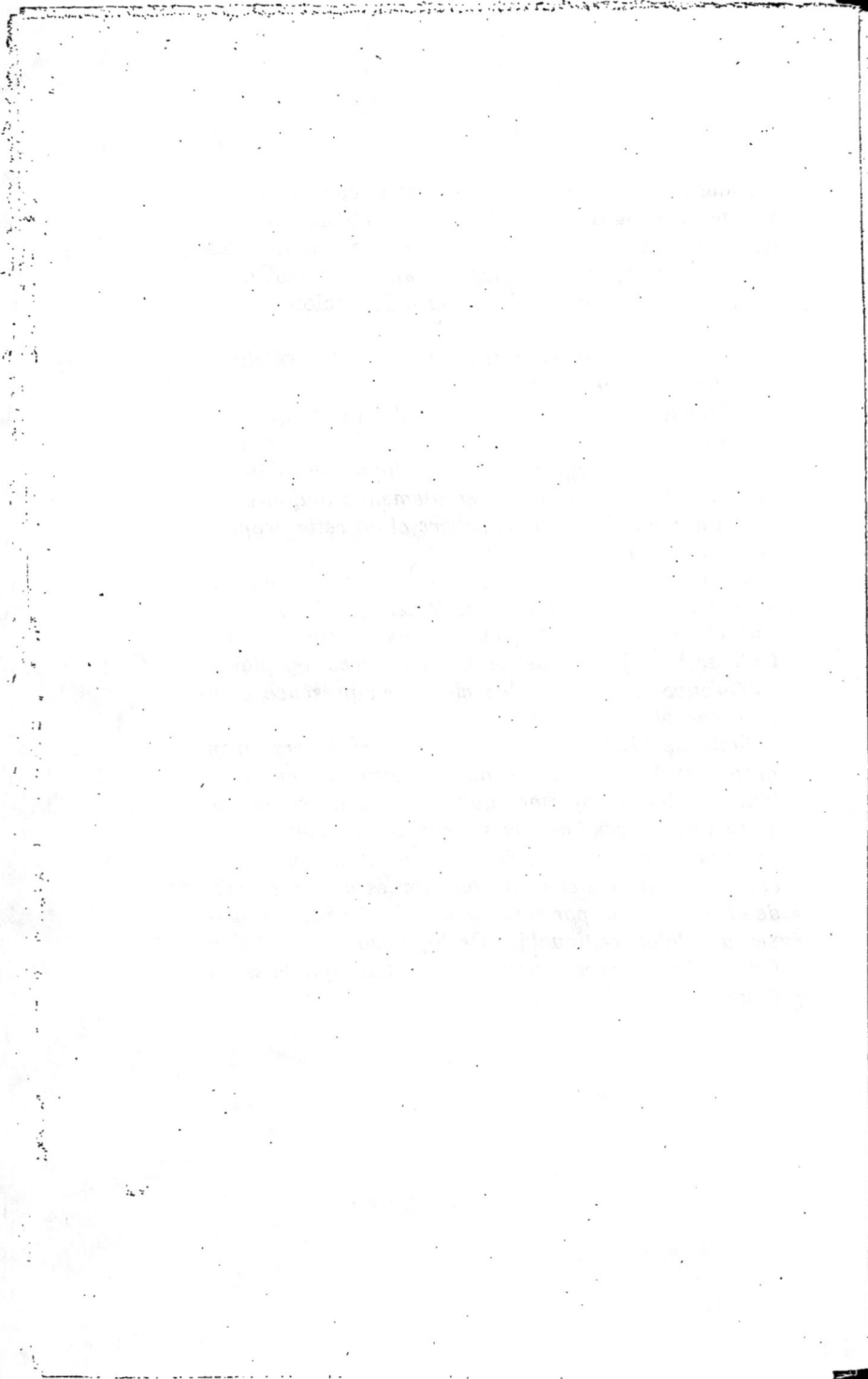

IV

La poulinière.

Nous abordons ici le point le plus grave du débat, le point capital, celui dont dépend essentiellement la solution de la crise.

Comme nous venons de le voir, la question de l'étalon peut être réglée sans grandes difficultés et sans dépenses supplémentaires, rien que par une orientation nouvelle imprimée à l'élevage par l'administration des haras.

Il suffit qu'elle y apporte un peu de suite dans les idées et surtout un peu de volonté.

Par contre, les mesures à prendre en faveur de la pouinière sont bien autrement complexes et bien plus délicates à préciser. C'est ici que se pose dans toute son acuité la question du petit élevage. C'est ici que l'on voit combien le « *petit éleveur* » est sacrifié en France au « *gros éleveur* » et que l'on constate à quel degré d'abandon il est laissé, particulièrement dans les riches pays de production du Nord-Ouest.

Cette situation qui, question de justice mise à part, n'avait pas, avant la crise, de répercussion sur le nombre des animaux produits, préoccupe vivement aujourd'hui les hommes de cheval au courant des questions d'élevage.

L'un d'eux, compétent entre tous, que vingt générations d'officiers ont connu et apprécié à Saumur, et qui, arrivé au sommet de la hiérarchie, était encore l'an dernier chef de la section technique vétérinaire au ministère de la guerre, M. le vétérinaire principal Jacoulet, a été le premier à jeter un cri d'alarme.

Voici en quels termes pressants il l'a fait dans une lettre ouverte, publiée dans le journal *le Matin*, le 14 juillet 1910 :

POUR LES PETITS ÉLEVEURS,

Monsieur le Rédacteur en chef,

Le *Matin* ouvrant généreusement ses colonnes à toutes les opinions pour la défense de tous les intérêts, nous lui demandons l'insertion suivante en faveur des petits éleveurs du cheval. L'initiative que nous prenons n'implique pas la prétention de solutionner d'emblée le problème soulevé; elle le pose en amorçant un projet de solution.

L'Etat se doit à tous, mais ses encouragements pécuniaires doivent certainement aller aux moins favorisés de dame Fortune dans leurs efforts logiques et persévérants pour le développement de la productivité nationale. Il n'y a pas de doute que ce ne soit là le principe des concours de toutes sortes institués pour favoriser l'essor de l'industrie chevaline, à la prospérité de laquelle se rattache dans une large mesure la défense de la patrie. Malheureusement, comme en beaucoup d'autres circonstances, le principe a dévié dans l'application, au point qu'on pourrait croire, à voir les faits, que l'Etat, ou plutôt l'administration, a renversé ce principe.

Prenons pour exemple un centre d'élevage — et ce qui se passe ici se passe à côté et partout où le riche producteur se trouve en concurrence avec le petit — où l'on distribue annuellement aux *juments poulinières* suitées ou non, 50 à 60 primes d'encouragement variant de 200 à 600 francs et formant un total d'environ 18.000 francs. Eh bien ! dans l'espace de dix ans, 2 éleveurs ont reçu 366 primes — les plus fortes — sur les 550 distribuées, et 125.000 francs sur les 180.000 alloués par l'Etat ou les départements. Le reste, soit 55.000 francs, a été réparti entre 27 éleveurs qui ont ainsi reçu chacun, des libéralités officielles, une moyenne de 2.000 francs en dix ans, ou 200 francs par an!

Mais, par contre, ils ont eu la plus large part des « mentions honorables », récompenses toujours platoniques et aliments un peu légers pour des estomacs affamés !

Est-il nécessaire de faire remarquer maintenant que les éleveurs possédant 20, 30 ou 40 juments poulinières, dont 10, 15 ou 30 méritent d'avoir les premières primes, n'ont plus besoin des secours de l'Etat pour voler de leurs propres ailes ? Le succès porte en lui-même sa récompense; mais s'il a besoin de se voir consacré officiellement, sous forme de recommandation commerciale, l'administration a de quoi le satisfaire. Elle possède, ainsi qu'on le voit dans les autres luttes de l'activité humaine, les mentions *hors concours*, *membre du jury*, et tout l'arsenal des distinctions honorifiques.

L'appréhension qu'on pourrait avoir de ne pas trouver, après l'élimination « hors concours » des grosses écuries, des juments dignes des récompenses officielles, est facile à calmer. Il y a d'abord tout l'ensemble intéressant des juments « mentionnées honorablement » qui recevront beaucoup plus utilement des primes en argent. Il y a surtout toute l'armée des éleveurs qui, connaissant l'histoire du pot de fer et du pot de terre, se sont éloignés volontairement des concours et qui les aborderont de nouveau lorsqu'ils sauront lutter à armes égales.

J. JACOULET.

Il est regrettable que l'honorable M. Jacoulet n'ait pas poussé plus loin ses recherches. S'il les avait étendues au Concours central des reproducteurs, il y eût constaté — en feuilletant le palmarès des récompenses, intitulé « Liste des prix », que l'administration des haras met en vente chaque année — il y eût constaté que ce sont les mêmes gros éleveurs visés dans sa lettre dont les juments et les pouliches viennent enlever à Paris toutes les grosses primes. Le total de 125.000 francs, relevé par lui comme ayant été attribué en l'espace de dix ans à deux seuls éleveurs, se serait trouvé considérablement arrondi s'il y avait ajouté les sommes importantes que ceux-ci ont recueillies à Paris pour leurs poulinières et leurs pouliches.

Mieux encore, la liste des prix laisse voir que ce sont les mêmes juments qui, après avoir remporté en province les primes de 600 francs, viennent enlever à

Paris les grosses primes de 900 francs, 800 francs, 700 francs, etc., sans compter les médailles d'or et d'argent qui les accompagnent.

Il en résulte qu'une jument qui, de 4 ans à 15 ans, c'est-à-dire pendant douze ans, touche les premières primes à Paris et en province, arrive à rapporter, rien qu'en primes, la coquette somme de 17.000 francs environ à son heureux propriétaire, et cela sans préjudice des bénéfices qu'elle lui a valus par ses gains en courses et par sa production. Inutile d'ajouter, en effet, que toutes ces poulinières, anciennes juments trotteuses, sont exclusivement employées à la fabrication du cheval d'hippodrome.

Ces chiffres complémentaires montrent combien est justifiée la réclamation de M. Jacoulet en faveur des petits éleveurs.

Veut-on une preuve non moins frappante de l'inégalité avec laquelle on traite les petits éleveurs ? Nous la trouvons dans les affiches officielles qui donnent la répartition des primes d'encouragement dans chaque région ; on y voit que ce sont les départements où l'élevage est entre les mains de gros et riches propriétaires qui se voient allouer proportionnellement le plus d'argent et qui reçoivent seuls les primes les plus élevées. Le tableau ci-dessous donne la répartition des primes pour les départements de l'Orne, de la Manche et de la Vendée.

MONTANT DES PRIMES.	ORNE. NOMBRE DE PRIMES.	MANCHE. NOMBRE DE PRIMES.	VENDÉE. NOMBRE DE PRIMES.
Fr.	Fr.	Fr.	Fr.
600	9 = 5.400	Néant.	Néant.
500	9 = 4.500	26 = 13.000	10 = 5.000
400	40 = 16.000	30 = 12.000	12 = 4.800
300	46 = 13.800	54 = 16.200	13 = 3.900
200	87 = 17.400	48 = 9.600	16 = 3.200
150	Néant.	56 = 8.400	18 = 2.700
100	28 = 2.800	100 = 10.000	53 = 5.500
80	Néant.	30 = 2.400	Néant.
50	Néant.	Néant.	4 = 200
	59.900	71.600	25.300

Le seul examen de ce tableau fait ressortir combien sont favorisés les départements où sont situés les gros élevages.

Limitons notre comparaison aux deux départements normands qui élèvent des chevaux de même race, de mêmes aptitudes, de même valeur, mais dont l'un, l'Orne, est avant tout un pays de gros élevage, où s'est en quelque sorte concentrée la production du cheval d'hippodrome, et dont l'autre, la Manche, à côté de quelques gros élevages relativement peu nombreux, compte surtout des petits et des moyens éleveurs. Le tableau nous montre à quel point la Manche est désavantagée. Alors que sa jumenterie est cinq fois plus nombreuse que celle de l'Orne et que l'Orne voit attribuer en primes d'encouragement 59.900 francs à ses poulinières (non compris les primes de reproduction et de conservation), elle reçoit 71.600 francs, c'est-à-dire seulement un sixième en plus (11.700 francs) et encore, sur cette différence, 11.500 proviennent du conseil général, qui attribue annuellement aux poulinières 11.500 francs de plus que ne le font, dans leur département, les conseillers de l'Orne.

De plus, pour les 25.000 poulinières de la Manche, on ne relève aucune prime forte de 600 francs. Si l'on totalise les primes de 200 francs et au-dessus, on en trouve 158 pour la Manche, alors que l'Orne en a 191.

Mais, quand il s'agit des primes faibles, elles vont à la Manche qui en reçoit 156 inférieures à 200 francs, tandis que l'Orne n'en a que 28. La Manche connaît les misérables primes de 80 francs, l'Orne a la bonne fortune de les ignorer.

Si, au lieu de la répartition actuelle, on admettait que la somme totale annuellement attribuée fût répartie *proportionnellement au nombre des poulinières*, cette répartition donnerait le tableau suivant, que nous donnons simplement à titre documentaire, car il ne s'agit nullement, nous l'avons dit, de réduire les dotations actuelles des différents départements.

MONTANT DES PRIMES.	ORNE. NOMBRE DE PRIMES.	MANCHE. NOMBRE DE PRIMES.
Fr.	Fr.	Fr.
600	2 = 1.200	7 = 4.200
500	6 = 3.000	29 = 14.500
400	12 = 4.800	58 = 23.200
300	19 = 5.700	81 = 24.300
200	25 = 5.000	110 = 22.000
150	10 = 1.500	56 = 6.900
100	22 = 2.200	106 = 10.600
80	5 = 400	25 = 2.000
	23.800	107.700

On voit que, dans les conditions actuelles, l'Orne reçoit beaucoup plus du double de ce qu'une répartition équitable lui donnerait par rapport à la Manche.

Ainsi, toutes les plus grosses primes vont aux centres de gros éleveurs, et le petit éleveur, celui qui a le plus besoin d'être soutenu si on veut faire prospérer nos races, n'est appelé à bénéficier que des encouragements les plus faibles, d'encouragements insuffisants.

La démonstration eût été plus frappante encore si, au lieu de comparer l'Orne à la Manche, nous l'avions comparée à la Vendée ou à tout autre département de l'Ouest, du Centre ou du Midi. Nous aurions relevé jusqu'à des primes de 40 francs et cela dans des centres tels que Bressuire, Parthenay, Saint-Maixent, c'est-à-dire en plein pays vendéen. Ce n'est vraiment pas là une prime : c'est tout au plus un secours tel que les bureaux de bienfaisance en accordent aux miséreux. Véritablement peut-on considérer cela comme un encouragement à l'élevage ? Nous n'avons pas fait intervenir ces départements, parce que l'on nous eût objecté que les frais généraux, et particulièrement la valeur de la terre, étaient plus élevés en Normandie que dans l'Ouest ou dans le Midi. C'est pourquoi nous avons tenu à faire le parallèle en prenant deux départements normands.

Si nous poussions plus loin notre étude et que nous recherchions à qui vont les plus grosses primes, nous verrions que c'est presque exclusivement aux gros éleveurs et, chez ceux-ci, aux juments d'hippodrome, aux juments à records. Nous avons sous les yeux les résultats du concours du Pin, d'Alençon, du Mesle-sur-Sarthe, d'Ecouché, de Flers, c'est-à-dire de tous les concours de l'Orne, en 1910. On est frappé de voir à quel point le petit éleveur, qui sait que tout va aux gros haras producteurs de chevaux d'hippodrome, s'est découragé, à quel point il se désintéresse des concours.

A Alençon, on distribue 58 primes : 13 éleveurs se les partagent.

Au Mesle-sur-Sarthe, il s'est distribué 60 primes : 66 juments seulement viennent se les disputer.

Au Pin, à Flers, à Ecouché même situation, même abstention de la masse des petits éleveurs. Comme le dit M. Jacoulet, ceux-ci sentent que c'est la lutte du pot de terre contre le pot de fer. Comme le constatent les rapports des officiers des haras de cette région, ils renoncent de plus en plus à l'élevage du demi-sang.

Celui qui a une poulinière d'un certain âge est bien obligé de la garder, mais il ne la remplace pas quand la maladie ou la vieillesse la fait disparaître. Celui qui a une poulinière de moins de 9 ans est sollicité par les marchands, qui recherchent pour leur clientèle des chevaux faits ; ou bien encore, il s'adresse à la remonte qui, depuis deux ou trois ans, achète le plus possible de chevaux d'âge pour la formation de nouveaux régiments d'artillerie.

Ainsi notre élevage de demi-sang s'effritte peu à peu. Ainsi la jumenterie diminue de jour en jour chez le petit cultivateur, qui se sent trop abandonné dans la crise actuelle.

Il faut reconnaître toutefois que notre paysan français, si intéressant par son labeur obstiné, par la modicité de ses ressources, l'est infiniment moins si on le considère en tant qu'homme de cheval ou qu'éleveur prévoyant. Il n'est pas connaisseur, comme l'est le fermier anglais ; il n'est pas docile aux conseils des haras et de la remonte, comme l'est le paysan prussien. Il ne voit que les petits profits immédiats. Propriétaire de deux pouliches, il gardera la moins bonne et vendra la meilleure parce qu'il en trouvera 200 à 300 francs de plus. Il ira même parfois jusqu'à conserver pour la reproduction une jument tarée ou rendue par vice rhédibitoire, plutôt que de la liquider à un prix peu rémunérateur.

De là, vient l'inégalité qui existe dans la jumenterie française, où, à côté de mères très bien faites, on trouve une trop grosse proportion de poulinières mal conformées, souvent trop grandes dans certains pays, ou beaucoup trop petites dans d'autres.

C'est là, croyons-nous, une des causes principales, sinon même la principale, de la crise dont souffre l'élevage français.

De cette insuffisante composition de notre jumenterie résulte, dans la production annuelle, un déchet considérable de chevaux manqués, qui trouvent difficilement leur placement, ou qui ne le trouvent qu'à des prix peu élevés.

Jusqu'à ce jour, les « laissés pour compte » de la remonte et du commerce de luxe trouvaient un débouché, soit aux fiacres, soit chez les particuliers (notaires, médecins, vétérinaires de campagne, etc.), à des prix inférieurs de 2 à 300 francs à ceux de la remonte, mais qui couvraient néanmoins les frais du producteur. Ce débouché est en train de disparaître avec les fiacres et les voiturettes automobiles, et c'est là un point particulièrement inquiétant pour l'avenir de l'élevage. A titre d'indication, nous citerons le rapport du conseil d'administration à l'assemblée générale des actionnaires de la Compagnie générale des Voitures à Paris :

Au 1er avril 1905, y est-il dit, il y avait à Paris 11.000 voitures hippomobiles et pas une seule automobile de place.

Au 1er avril 1910, il y avait 7.700 voitures hippomobiles et 4.500 automobiles de place;

Au 1er avril 1911, il y avait 6.700 voitures hippomobiles et 6.400 voitures automobiles de place.

Du 1er avril de l'an dernier au 1er avril de cette année, le nombre des voitures automobiles de place a donc augmenté de 1.900, tandis que diminuait de 1.000 celui des hippomobiles.

En présence de ces chiffres, on se demande ce que deviendront les déchets de l'élevage, les « laissés pour compte » de la remonte. C'est qu'hélas ! ils sont sérieux. Dans les présentations de la remonte, les commissions prélèvent un animal sur cinq à six. Il n'y a d'exception que dans le Charolais, où l'éleveur, moins accessible que les fermiers du Nord-Ouest aux tentations de l'hippodrome, a conservé des poulinières importantes et membrées, et où, par suite, la remonte peut prélever un poulain sur quatre. Il reste donc en France, après les achats de l'armée, environ les quatre ou les cinq sixièmes de la production de demisang. C'est là une proportion considérable, et on saisit ici sur le vif un des côtés les plus faibles de notre élevage.

En Allemagne, les commissions, dans les centres les moins favorisés, prélèvent un cheval sur trois, et même, si l'on s'en rapporte à la statistique la plus récente, l'élevage serait arrivé, dans l'Est prussien, à un tel point de perfection que les commissions d'achat prélèveraient un cheval sur deux.

Voici d'après la *Deutsche Tages Zeitung Kavalleristische Monatshefte* (1), les résultats des achats de la remonte allemande en 1909 :

	PRÉSENTÉS.	ACHETÉS.	POUR CENT.
Prusse orientale............	12.666	6.561	52
Prusse occidentale..........	1.409	489	35
Posen......................	1.953	728	43
Silésie.....................	235	65	28
Brandebourg.....:.........	418	165	40
Poméranie............:.....	479	225	47
Hanovre....................	2.712	1.250	46
Scheswig-Holstein..........	1.408	425	30
Provinces du Rhin..........	336	32	10
Les deux Mecklembourg...	2.079	924	44
Oldenbourg................	268	61	24
	23.963	10.880	

(1) Cette statistique a été reproduite par la *France militaire* dans son numéro du 18 août 1911.

Il y a lieu de remarquer particulièrement, dans cette statistique, que la province de Prusse orientale s'est vu prendre 6.561 chevaux sur 12.600 présentés; soit 52 p. 100. Ces chiffres, mieux que les raisonnements, montrent à quel degré de sélection l'Etat prussien a su amener sa jumenterie de demi-sang et avec quel succès il lui fournit des étalons vraiment appropriés. Les officiers et les éleveurs allemands reportent l'honneur de cette brillante situation à l'entente parfaite qui exista, en vue de la production du cheval de guerre, entre le général de Deimnitz, qui resta pendant seize ans à la tête de l'inspection générale des remontes, et le comte Lehndorf, qui, depuis vingt-cinq ans, dirige les haras allemands.

On conçoit combien il est facile d'écouler à de bons prix les déchets de l'élevage dans un pays où la remonte arrive à prélever un produit sur deux ou trois.

C'est là le but auquel nous devons tendre à tout prix, en présence du développement de l'automobilisme à bon marché. Or, il n'y a d'autre moyen pour y arriver que de faire une très large part dans les encouragements aux petits éleveurs, afin de les amener à sélectionner plus sévèrement leurs poulinières. Ce jour-là, ils n'auront que peu ou pas de déchet, car un beau cheval se vendra toujours bien.

Nous avons vu précédemment quels sont les procédés employés en Angleterre pour l'amélioration de la jumenterie.

Les propriétaires qui présentent leurs poulinières aux étalons primés par l'Etat reçoivent une somme de 25 francs, mais ce n'est guère là qu'une indemnité de déplacement.

La véritable mesure au point de vue de l'amélioration des poulinières consiste dans l'achat annuel de

200 juments, qui sont mises en pension chez les éleveurs et qui ont droit à un prix de faveur pour les saillies des étalons primés. Si l'on estime à 2.500 francs la valeur moyenne de ces 200 juments, on voit que l'Etat consacre, par an, 500.000 francs à ces achats.

Il aura ainsi constitué en quinze ans un lot de 3.000 poulinières de premier choix. S'il double le nombre de ces achats, il dépensera un million par an et aura, dans le même laps de temps, 6.000 très bonnes poulinières. S'il y consacre 1.500.000 francs, il en aura 9.000.

C'est là, évidemment un système très séduisant. Il semble même, à première vue, très économique, si l'on considère que, pour arriver à un résultat très inférieur, les haras distribuent en France, en primes aux pouliches et aux poulinières, près de 1.700.000 francs (subventions des départements, villes et sociétés diverses comprises).

Mais ce système a, de prime abord, un gros inconvénient : il supprime toute émulation entre les éleveurs. De plus, s'il est nouveau en Angleterre, où il n'a pas encore fait ses preuves, il n'est pas nouveau pour nous, Français.

Il a été appliqué chez nous par le général Thornton, inspecteur général des remontes vers 1880. Pendant plusieurs années, la remonte a donné gratuitement aux éleveurs, sous certaines conditions, les plus belles juments de cuirassier. Malheureusement, la nature du paysan français est telle que, l'éleveur considérant ces juments comme restant la propriété de l'Etat, ne les a pas soignées comme il l'eût dû faire, et comme il l'eût fait, si elles avaient été sa propriété personnelle. Aussi, les résultats ont été si médiocres que l'on a dû renoncer à cette pratique.

Le général Faverot de Kerbrech a cru trouver plus

de garanties dans le procédé suivant. Il a laissé les meilleures juments de chaque région en dépôt chez les éleveurs, avec faculté de rachat pendant une période de deux ans, la remonte se contentant de désigner, après entente avec les haras, les étalons auxquels elles devaient être livrées: Pour intéresser l'éleveur à les bien soigner la remonte lui alloue une indemnité de 250 francs, payable si la jument est présentée en bon état, indemnité qu'il doit rembourser s'il achète la bête au bout de deux ans.

Ce système ne semble pas non plus donner des résultats bien probants.

On ne voit presque jamais un éleveur racheter sa jument, si bonne poulinière soit-elle.

Il ne semble pas, d'autre part, que cette mesure ait eu une influence bien sensible sur l'ensemble de l'élevage français.

Il résulte de tout cela que le système de la mise en pension des juments, actuellement pratiqué en Angleterre, où il est possible qu'il s'adapte au tempérament du fermier anglais, n'a pas donné chez nous des résultats suffisamment satisfaisants pour que l'on puisse le recommander d'une façon absolue et le prendre comme base d'une nouvelle organisation.

Il faut donc trouver autre chose.

Nous venons de dire que les haras distribuent annuellement près de 1.700.000 francs en primes aux pouliches et aux poulinières.

C'est de ce côté, semble-t-il, qu'il y a lieu de chercher la solution, mais en modifiant la répartition des primes, leur taux, ainsi que les conditions d'accès aux concours qui ne répondent plus aux besoins actuels de l'élevage.

De prime abord, ce chiffre de 1.700.000 francs paraît élevé, et cependant il est insuffisant. C'est qu'il a

Demi-sang français.   6

été, sous l'action d'influences locales, disséminé sur toute la France. Au lieu d'être réservés aux seules grandes régions d'élevage, ces 1.700.000 francs, sont répartis sur 80 départements dont beaucoup ne produisent que le cheval de trait, animal qui ne coûte rien à élever et qu'il n'y avait aucune nécessité d'encourager.

D'autre part, dans les grands pays d'élevage, comme nous venons de le démontrer, tous les encouragements vont aux gros éleveurs, presque rien aux petits et moyens éleveurs, qui, pour cette raison, se découragent et abandonnent le cheval.

Il convient donc de venir en aide à ceux-ci, en leur faisant la part qui leur est due, et de les retenir par un remaniement du taux des primes et par une augmentation importante du nombre de ces primes.

Comme on ne saurait songer à toucher à la répartition actuelle des primes entre les différents départements, c'est donc, dans l'intérieur de chaque département, par des modifications aux conditions des concours, que nous allons essayer de faire une part aux petits éleveurs.

Nous considérons :

1° Qu'il est nécessaire d'avoir en France 10.000 mères d'une conformation aussi irréprochable que possible et répondant aux différents types de chevaux en usage dans l'armée et le commerce ;

2° Qu'il est possible de trouver progressivement, dans un délai de quatre à cinq ans, le million supplémentaire qu'il faudra pour atteindre ce résultat.

Partant de cette base, nous estimons que les concours de poulinières devraient être soumis aux règles suivantes :

A) *Modifier le taux des primes d'encouragement actuellement distribuées aux juments de 4 ans et au-dessus en les ramenant à trois catégories :*

1re *catégorie* . . . . 400 francs;
2e *catégorie* . . . . 300 francs;
3e *catégorie*. . . . . 200 francs.

B) *Fusionner en une seule prime, dite « prime de conservation », les primes d'encouragement, de reproduction et de conservation actuellement distribuées aux pouliches de 3 ans, de telle sorte que le taux de la prime de conservation soit :*

Pour la 1re catégorie, de 800 *francs ;*
Pour la 2e catégorie, de 600 *francs ;*
Pour la 3e catégorie, de 400 *francs.*

Ces primes seraient remboursables si les juments n'étaient pas livrées à l'étalon pendant six années consécutives (1).

C) *Fixer à 5.000 francs le nombre de primes d'encouragement à distribuer dans les grands pays d'élevage, savoir :*

1.250 primes de 400 francs ;
2.500 primes de 300 francs :
1.250 primes de 200 francs.

---

(1) Actuellement, le bénéficiaire de la prime de conservation est tenu à la rembourser si la pouliche n'est pas livrée à la reproduction pendant quatre ans. Nous proposons de porter cette durée à six ans, parce que, le taux de la prime devant se trouver considérablement augmenté, il est logique d'imposer une durée plus longue, et aussi, parce que, au bout de six ans, la jument aura atteint 9 ans, âge auquel elle ne peut plus être vendue à la remonte.

Nous avons fixé le taux de ces différentes primes de telle sorte que la poulinière se trouve amortie en huit ans. Cela représente 3.600 francs pour la 1re catégorie, c'est-à-dire, pour les très belles juments susceptibles de produire des étalons, 2.700 francs pour de belles juments du type-tête ou carrière, 1.800 francs pour de belles et fortes juments susceptibles de faire le cheval de troupe et le cheval de service (1).

---

(1) La création des primes de conservation est récente; c'est une des plus heureuses initiatives qu'ait prises M. Hornez, l'ancien directeur général des haras.

Rappelons, à cette occasion, quelques-unes des mesures prises par cet homme de cheval si complet, mesures qui restent aujourd'hui encore la base de toute orientation nouvelle, mais auxquelles l'insuffisance des crédits ne lui a malheureusement pas permis de donner tout le développement qu'elles méritaient.

C'est à M. Hornez que l'on doit :

1° Les *concours-épreuves*, grâce auxquels le postier breton a évité de verser dans les courses et qui ont fait la fortune des éleveurs de cette province. Il eût désiré étendre ces concours à d'autres régions;

2° Les *primes supplémentaires aux juments de demi-sang* suitées d'un produit issu d'un père pur-sang. Il ne put y consacrer que 49.000 francs; mais, si faible que fût cette somme, elle suffit pour attirer à l'étalon de pur sang, sinon des juments de premier choix, du moins quelques poulinières convenables, et encore en trop petit nombre. C'est à cette mesure qu'est due l'amélioration si sensible constatée depuis trois à quatre ans parmi les chevaux présentés dans les divers concours de selle.

Cette somme de 49.000 francs, qui cependant était trop faible, vient, hélas ! d'être sensiblement réduite;

3° Les *primes supplémentaires* (24.000 *francs au total*) *pour les issus de pur-sang* dans les concours de selle des haras, ce qui a eu pour résultat de faire rechercher davantage, par les éleveurs, les poulains de cette origine jusqu'alors complètement délaissés, et de démontrer qu'on pouvait, dans le Nord-Ouest, produire d'excellents chevaux de selle;

4° Les *primes de conservation* dont nous venons de parler ci-dessus. Il ne put malheureusement y affecter qu'une somme totale de 70.000 francs.

5° La *présentation en mains des pouliches de 3 ans*, ce qui ouvrait, sans frais d'aucune nature, aux petits éleveurs, les seuls concours où ils pussent espérer bénéficier d'un encouragement.

Malheureusement cette mesure vient d'être rapportée en 1911.

On lui doit aussi, parmi de nombreuses mesures prises en faveur

Par ces dispositions généreuses on mettrait le petit
éleveur à même de conserver une bonne poulinière,
quand il l'aurait produite, ou de la payer, surtout s'il
était possible, comme nous l'examinerons tout à l'heure, que le crédit agricole lui fît des avances garanties
par les primes annuelles, lorsqu'il lui faudrait l'acquérir.

Cette fixation des primes exige, si l'on veut en distribuer 5.000 par an réparties sur les pouliches et les
juments de 4 à 11 ans, une somme totale de 1.500.000
francs. Or, il est actuellement distribué, dans les
vingt à vingt-cinq départements où se fait le cheval
de demi-sang, environ 500.000 francs. Il faut donc un
supplément d'un million.

Ce chiffre de 5.000 primes est assez important pour
que les petits éleveurs puissent espérer prendre rang
parmi les bénéficiaires de primes. On excitera par là
leur émulation. Tous rechercheront de bonnes juments, si bien que ce sera tout l'ensemble de la jumenterie française qui se trouvera régénéré.

Mais 1.500.000 francs ne nous donnent que 5.000
mères et, pour arriver aux 10.000 que nous visons,
nous proposons les dispositions complémentaires suivantes :

---

du personnel, une disposition qui semble appelée à avoir les conséquences les plus heureuses. Jusqu'en 1909, les officiers des haras,
pour bénéficier de l'article 23 de l'ancienne loi de recrutement et
ne faire, par suite, qu'un an de service, faisaient leur service militaire dans l'infanterie. M. Hornez a obtenu qu'ils le fassent, à l'avenir, dans la cavalerie; la première année dans un régiment, la
deuxième à l'Ecole de Saumur. La décision ministérielle prise à
cet effet leur fait une situation privilégiée en leur assurant l'épau-
lette d'officier de réserve. Mais elle aura surtout le grand avantage
de leur permettre de voir, aux manœuvres, les chevaux qu'ils produisent, et aussi, par des stages dans les dépôts de remonte, de
participer aux achats et de mieux suivre ainsi la production des
étalons.

D) *Fixer à la fin de juin la date des concours de pouliches de 3 ans et n'y admettre que les pouliches
saillies, les présentations se faisant exclusivement
en main.*

Actuellement, les présentations commencent dès les
premiers jours de mars, et les animaux sont présentés montés. Or, en mars, la pouliche est peu dévelop-
pée, elle a son poil d'hiver, elle est plus difficile à
juger qu'en juillet où sa croissance est bien plus
avancée. De plus, l'obligation de la présentation
montée oblige à un séjour coûteux dans une école de
dressage et, par suite, à une dépense devant laquelle
le petit éleveur recule la plupart du temps. Cela est,
du reste, sans intérêt pour une bête que l'on destine
à la reproduction. Il en résulte que les primes sont
accaparées, soit par des pouliches trotteuses d'ordre
modeste, qui, étant en travail depuis l'automne, viennent y couvrir leurs frais d'entraînement, soit par des
juments que l'éleveur livre aussitôt aux marchands
qui suivent ces concours avec la plus grande assi-
duité. Les concours de pouliches montées se trouvent
ainsi jouer un rôle néfaste au point de vue de l'élevage.

La présentation en main des pouliches saillies fera
disparaître ces abus.

La seule objection qui pourrait être faite est que la
présentation en mars a l'avantage d'obliger le propriétaire à très bien nourrir pendant l'hiver. Cela est
vrai dans une certaine mesure ; mais on peut répondre qu'un éleveur sérieux ne fait pas d'économies de
cette nature, et que, d'autre part, les avantages de
la présentation en juillet, que nous venons d'indiquer, sont assez importants pour contrebalancer cet
inconvénient.

Un fait récent montre l'inconvénient des présentations montées.

Pour attirer les petits éleveurs, l'administration des haras avait admis en 1909 et 1910 que, dans les concours de la Manche, les éleveurs seraient libres d'amener les juments montées, ou en main, à leur choix. Un revirement inexplicable s'est produit en 1911, où l'on a exigé que les pouliches fussent montées. Cela a suffi, dit un journal local, la *Normandie chevaline*, pour que le nombre des bêtes présentées baissât d'un tiers. Voilà un argument décisif.

E) *Les poulinières cesseraient d'être primées à partir de 12 ans.*

Il n'y a pas de raison de primer, comme on le fait actuellement, des juments de 12, 13, 14 ou 15 ans. D'après le taux de nos primes, les poulinières de cet âge se trouvent amorties. De plus, elles sont déformées et ne sont plus aptes à un service sérieux ; elles ont une valeur marchande nulle comme bêtes de service ; elles ne gardent une valeur réelle que comme poulinières. Elles ont, d'autre part, leur réputation faite comme reproductrices.

Il n'est pas un éleveur avisé qui abandonnera une mère produisant bien pour courir l'aléa, en recherchant une prime de 200 à 400 francs avec une nouvelle jument, de tomber sur une poulinière lui donnant des produits de moindre valeur. Ne voit-on pas, du reste, l'éleveur, conserver actuellement sa poulinière, quand elle cesse d'être primée à 16 ans, lorsqu'elle continue à lui donner des poulains ?

Même s'il veut la vendre, il trouvera toujours un voisin intelligent pour lui reprendre, au bas prix que vaut un vieil animal, une bonne poulinière de 12 ans.

Aussi primer les juments de plus de 11 ans ne répond à aucun but pratique. On peut même dire que
c'est de l'argent dépensé en pure perte.

On a proposé, à titre de mesure transactionnelle,
soit de fixer la limite d'âge pour les concours à 13
ans ou à 14 ans, soit de réduire la prime à mesure du
vieillissement de la bête ; mais on n'aboutirait ainsi
qu'à diminuer le nombre total des bonnes poulinè-
res ? Nos calculs sont basés, avons-nous dit, sur un
chiffre global de 10.000 poulinières, et nous considérons que c'est un minimum nécessaire. Ce minimum ne peut être atteint que si le droit à la prime
cesse à 12 ans.

F) *Afin de faire une part aussi large que possible aux*
éleveurs moyens et petits, n'admettre, dans les con-
cours que les juments n'ayant pas reçu en courses
une somme égale ou supérieure à 5.000 francs.

Il n'y a aucun intérêt à primer les juments ayant
reçu en courses une somme de 5.000 francs. Cela est
même de l'argent gaspillé, car elles vont forcément
à la reproduction par le seul fait de leurs performances. Les éleveurs de pur-sang n'ont jamais, même au
début des courses, vu leurs poulinières admises dans
les concours, ce qui n'a pas empêché l'élevage du
pur-sang de prospérer.

Cette exclusion, très justifiée des chevaux de pur
sang des concours, s'étend aux nombreuses juments
qui appartiennent aux petits éleveurs de la plaine de
Tarbes. Elle s'étend même aux pur-sangs anglo-arabes qui constituent les chevaux d'hippodrome de cette
région. Il n'y a donc aucune raison de faire pour les
riches éleveurs de chevaux d'hippodrome du Nord-

Ouest ce qu'on ne fait pas pour les éleveurs du Midi, petits métayers pour la plupart.

Il y a d'autant moins de raisons de le faire que l'on a donné aux éleveurs de trotteurs une situation privilégiée, en assurant à leur société 90 journées de courses par an, rien qu'à Paris, et en leur permettant de donner des courses au galop dont les recettes alimentent le budget du trotting.

Au surplus, la somme de 5.000 francs, que nous proposons comme devant être éliminatoire, est calculée fort largement.

Que l'on se reporte à la liste que nous avons donnée plus haut des sommes gagnées par les chevaux ayant couru le prix du Millénaire à Caen, on y verra que, sur les 13 partants, un seul avait gagné plus de 5.000 francs. Tous les concurrents, sauf un, répondaient donc à notre qualification. Ceci montre combien elle est large : 5.000 francs de gains représentent, en effet, une somme relativement importante en courses au trot.

Il est entendu qu'il ne s'agit que des sommes *reçues en courses*, et non des primes remportées dans les concours.

Au reste, le concours central, où se distribuent les primes les plus élevées, resterait ouvert à ces juments, qui trouveraient là leur part d'encouragement.

Enfin, elles continueraient à jouir des conditions spéciales qui leur sont faites pour la saillie des étalons de tête, avantage particulièrement recherché par les éleveurs de chevaux d'hippodrome.

Si l'on récapitule que les propriétaires de juments d'hippodrome bénéficient des sommes énormes distribuées en courses, qu'ils trouvent dans la vente de leurs étalons des profits considérables, qu'ils ont la possibilité de recevoir des primes importantes au con-

cours central, et qu'il leur est fait des avantages spéciaux pour la saillie des étalons de tête de l'administration des haras, on voit que, même exclus en partie des concours de province, il leur reste encore
une situation bien autrement favorable que celle du
petit éleveur.

Que, à l'imitation des propriétaires de juments de
pur sang, ils laissent donc à ces petits éleveurs la faible part d'encouragement à laquelle ceux-ci ont la
possibilité de prétendre.

Il est des sacrifices qu'il faut savoir faire sur l'autel
de la patrie !

G) *Les nouvelles primes à créer seraient réparties
exclusivement entre les régions de grand élevage
proportionnellement au nombre des poulinières de
demi-sang.*

Nous avons vu que, sur les 1.700.000 francs de
primes distribuées aux poulinières et pouliches dans
quatre-vingts départements, plus de la moitié va à des
régions où l'on fait un cheval de trait, dont la production est en pleine prospérité, et où l'élevage du
demi-sang n'existe pas à proprement parler.

Nous respectons les droits acquis, mais nous estimons qu'il serait abusif de faire à ces départements
une part nouvelle. Les lourds sacrifices qu'il va fal-
loir consentir n'ont de raison d'être que dans le sau-
vetage de nos races de demi-sang qui se meurent. Si
des influences quelconques réussissaient à faire faire
des prélèvements sur cet argent, ce serait au détriment du développement de la richesse nationale et
aussi au détriment de la défense nationale.

Cela suffit à justifier notre proposition.

Telle est, dans ses grandes lignes, la réforme qui

paraît s'imposer si l'on veut arriver à une bonne constitution de la jumenterie française.

Nous n'avons envisagé que les grands côtés de la
réforme, mais il va de soi qu'il est de nombreuses
mesures de détail qui la compléteraient très utilement. Nous nous bornerons à en indiquer deux.

La première consiste dans la constitution des jurys.

Sans mettre en doute la compétence des jurys, et
moins encore leur honorabilité et leur impartialité,
nous estimons qu'ils comprennent trop de membres et
qu'ils sont insufisamment indépendants des influences
locales.

Les jurys devraient, comme cela existe en Angleterre et dans la plupart des pays, se composer de
trois membres :

Un représentant des haras ;

Un représentant de l'armée ;

Une personnalité civile de compétence reconnue et
étrangère à la région.

Or, ils comprennent parfois cinq à six membres
ayant souvent dans l'œil un type de cheval différent ;
il advient que l'on se fait des concessions mutuelles,
et qu'elles finissent par être si nombreuses que le
classement se trouve vicié.

Nous souhaiterions, d'autre part, que le représentant civil fût pris en dehors de la région. Ce n'est pas,
nous le répétons, que nous suspections le moins du
monde son impartialité ; mais on constate souvent
qu'il subit inconsciemment, par action réflexe, l'influence de l'ambiance locale, du milieu dans lequel il
a toujours vécu, et que cela le porte parfois à des erreurs d'appréciation.

Ainsi constitués, les jurys ne se borneraient pas
à répartir les primes. Ils indiqueraient l'adaptation

à laquelle répond chaque jument primée, par les mots : selle, postier, carrossier. Ce ne serait qu'une simple indication qui pourrait servir à orienter l'éleveur pour ses accouplements futurs. Ce procédé semble plus pratique, et, à coup sûr, moins compliqué que celui qui consisterait, comme on l'a souvent proposé, à faire des concours différents pour les diverses sortes de chevaux.

Il est une deuxième mesure qui est susceptible, à notre avis, d'avoir les plus heureuses conséquences.

Actuellement déjà, il existe entre les haras et les remontes des relations parfaites qui se traduisent, dans bien des circonstances, par une véritable coopération. Nous souhaiterions voir cette coopération s'affirmer, en ce qui concerne les poulinières, d'une façon plus étroite encore. Les commandants de dépôts de remonte ne pourraient-ils, par exemple, signaler, à titre confidentiel, aux directeurs des haras les juments reconnues atteintes de cornage, fluxion ou autre défectuosités graves, pour qu'on leur refuse les saillies des étalons nationaux ? Ce serait le vrai moyen de faire comprendre leur erreur aux éleveurs qui auraient la prétention d'en faire des poulinières.

Inversement, les directeurs des haras ne pourraient-ils indiquer aux commandants de dépôt les pouliches susceptibles de faire de belles mères, afin que ceux-ci se joignent à eux pour amener l'éleveur à les conserver, et même pour qu'ils refusent de les acheter. L'armée y perdrait peut-être quelques bonnes montures ; quelques-unes de ces juments risqueraient d'être enlevées par le commerce ; mais l'élevage y trouverait dans son ensemble, bien certainement, son profit.

Voilà une sorte de coopération immédiatement réalisable.

Plus tard, si l'on se décide à accorder aux pouliches

et aux poulinières des encouragements importants, comme nous le demandons, cette coopération pourrait devenir plus directe encore.

Il est évident qu'à ce moment, les encouragements aux poulinières étant devenus suffisants, la mise en pension de juments militaires, telle qu'elle se pratique, aura perdu la plupart de ses raisons d'être. La remonte se trouvera vraisemblablement amenée à y renoncer. Les haras pourraient alors faire, sur une échelle modeste, l'essai du système anglais, mais avec les modifications nécessitées par le caractère français. Ils pourraient, par exemple, acheter 100 poulinières par an, *qu'ils revendraient* dans des enchères spéciales réservées aux petits éleveurs. Ici interviendrait la remonte, qui donnerait aux haras le choix, dans ses achats, de 50 belles juments cuirassières et de 50 juments d'artillerie du type fort-cob. Et cela, à titre de simple remboursement, les haras évitant ainsi tous les frais généraux et bénéficiant des bonnes occasions de l'armée.

Nous n'insisterons pas davantage. Cela suffit pour montrer qu'il y a pour les deux administrations un terrain d'action commun, où leur bonne entente et leur expérience réciproque pourraient s'exercer pour le plus grand bien de l'élevage.

En résumé, le système que nous préconisons, ramené à sa plus simple expression, consiste à constituer un lot de très bonnes poulinières :

1° En retenant à la reproduction, par des primes de conservation, les meilleures femelles de chaque génération ;

2° En les pensionnant ultérieurement par une prime annuelle jusqu'à amortissement de leur valeur.

Il en résulterait une grande simplification dans le fonctionnement des concours ; car, au bout de deux ou trois ans, il n'y aurait plus lieu à classement, sauf pour le remplacement des juments disparues. La commission n'aurait plus qu'à constater que la poulinière est présentée en bon état, qu'elle a été saillie dans l'année et, par suite, que l'éleveur n'a pas démérité.

Toutefois, ce système constitue un bloc, qui se désagrégerait si on ne le prenait pas en entier. Il vise, avons-nous dit, à constituer chez les petits et moyens éleveurs un stock minimum de 10.000 poulinières de choix.

En détacher certains articles — et tout particulièrement ceux qui concernent l'exclusion des concours des juments âgées de 12 ans ou de celles ayant reçu 5.000 francs en courses — entraînerait finalement une diminution importante du nombre total des bonnes poulinières obtenues. Dans ce cas, le résultat définitif ne justifierait plus la dépense d'un million qu'exige le système proposé.

Reste le côté financier.

Sans entrer dans le fond de la question, nous nous bornerons à indiquer qu'on peut trouver l'argent nécessaire :

1° Sur les crédits qui deviennent disponibles, maintenant que la loi d'accroissement des étalons cesse de fonctionner ;

2° Sur les excédents du pari mutuel ;

3° Sur les économies que l'administration des haras sera peu à peu amenée à réaliser avec les modifications que le développement de la traction mécanique entraînera dans son fonctionnement, notamment dans la diminution, sinon même la suppression, des primes aux étalons approuvés, qui atteignent le chiffre énorme de 745.000 francs.

Enfin, il suffit de rappeler que la sollicitude du Parlement n'a jamais fait défaut à aucune de celles de nos industries qui ont eu des crises à traverser. Dans le cas particulier qui nous occupe, cette sollicitude s'affirmera avec d'autant plus de force qu'à l'intérêt commercial s'allie l'intérêt supérieur de la défense nationale.

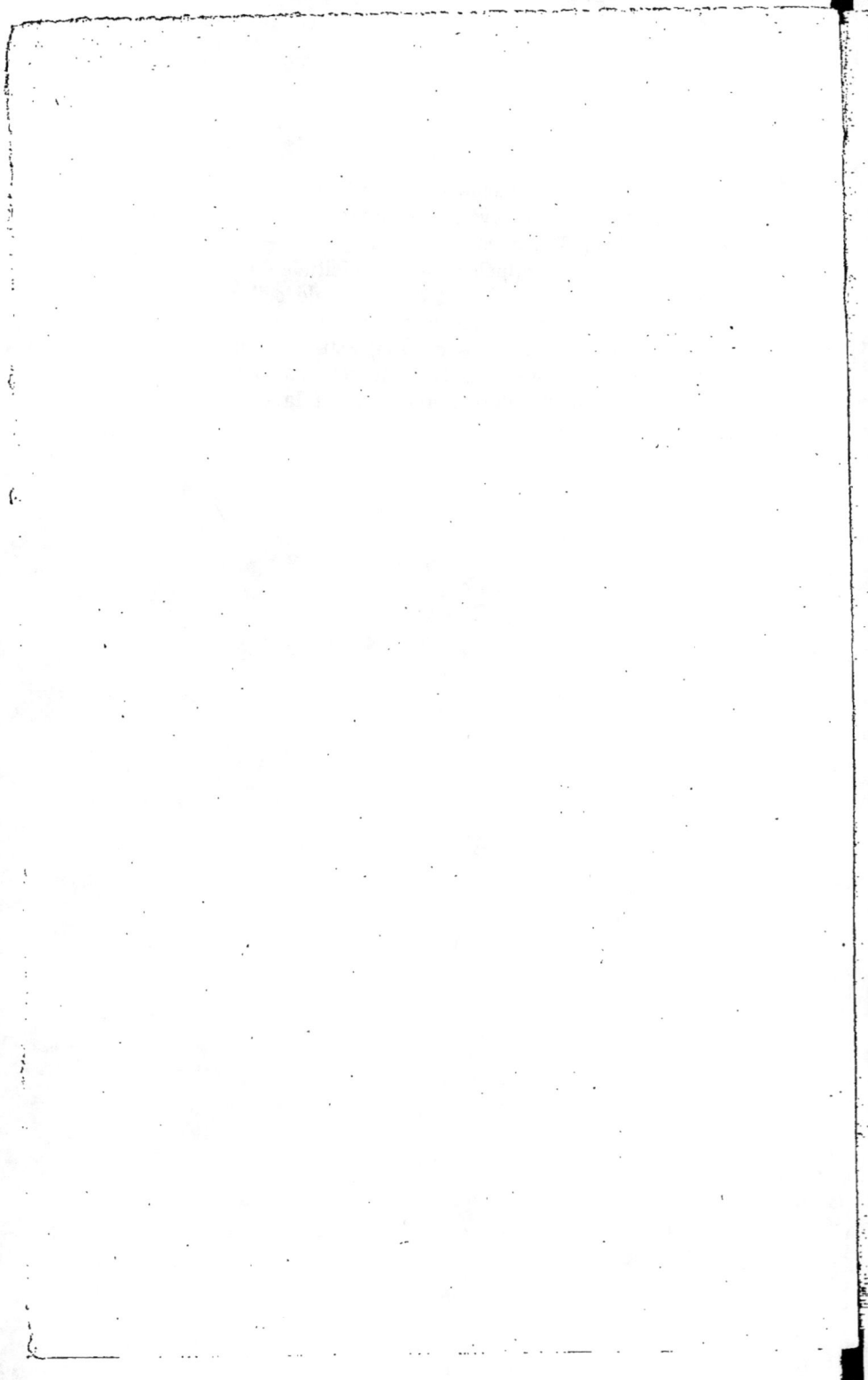

V

La prime au naisseur.

Les dispositions qui précèdent tendent à amener l'éleveur à conserver ses meilleures juments et à mettre à sa disposition des étalons bien conformés.

Mais cela ne suffit pas. Il faut que cet éleveur fasse un croisement bien compris et présente sa poulinière à un géniteur susceptible de bien produire avec elle.

Pour atteindre ce but, l'Angleterre, nous l'avons vu, accorde un prix de saillie réduit aux juments primées qui vont aux étalons primés ; elle y ajoute même une légère indemnité qui couvre les frais de déplacement. Elle espère arriver ainsi à accoupler les meilleures mères avec les meilleurs étalons.

Ce procédé, très pratique en Angleterre, où l'on ne prime que des animaux (mâles et femelles) du type selle, et où le prix des saillies est relativement élevé, ne saurait trouver son application en France. Chez nous, le prix de la saillie des étalons de l'Etat est infime ; il varie de 10 à 20 francs pour les juments de demi-sang ; une diminution de ce prix ne saurait donc constituer un attrait. De plus, l'éleveur ne peut aller indifféremment aux étalons de l'Etat, car ils sont de types variés : selle, postier, carrossier, trotteur. Il faut donc qu'il fasse un choix et qu'il le fasse judicieusement.

C'est pour l'y inciter qu'a été imaginée la prime

Demi-sang français.   7

à l'éleveur. Elle a pour but de faire comprendre aux fermiers français l'intérêt qu'ils ont à bien choisir leur étalon et à les récompenser lorsqu'ils ont fait un accouplement réussi.

C'est assurément le moyen le meilleur de faire de chacun d'eux ce que doit être un bon éleveur, c'est-à-dire un homme de cheval.

Cependant, la prime à l'éleveur rencontre des détracteurs : les uns lui reprochent de venir trop tardivement et, par suite, d'être accueillie avec un peu d'indifférence ; les autres prétendent qu'elle pousse à la surproduction.

Ces deux critiques ne sont pas justifiées. Si certaines primes ne vont aux éleveurs que quand le cheval est fait, c'est-à-dire à 7 ans, il semble que l'on perd de vue que la grande masse des primes, les quatre cinquièmes environ, sont distribuées à l'âge de 3 ans, c'est-à-dire deux ans après le moment où le naisseur a vendu son poulain. Ce n'est donc pas aussi tardif que l'on veut bien le dire. C'est, du reste, à ce même âge de 3 ans qu'elles sont distribuées aux chevaux de pur-sang.

Quant à l'objection de la surproduction, elle est basée sur le développement excessif de l'élevage du pur-sang dans certains départements du Midi. Il est exact que, dans cette région, la prime au naisseur a poussé à la production coûteuse de ce cheval de grand luxe qu'est le pur-sang de course bien des petits éleveurs qui n'étaient pas outillés pour cela et qui n'avaient même pas toujours les moyens de se lancer dans cette industrie spéciale. Mais cet argument ne saurait s'appliquer aux éleveurs de demi-sang. La surproduction du cheval de selle de demi-sang de poids lourd et de poids moyen n'est, hélas ! pas à craindre chez nous. Bien éloigné est le moment où nous aurons trop de chevaux de selle pour la remonte et la mobilisation de nos cuirassiers, de nos dragons et de nos artilleurs.

Il semble plutôt que, derrière les objections qui ont été produites, il y ait la crainte de voir diminuer la part qui est faite aux éleveurs. Là encore, apparaît l'antagonisme d'intérêts qui existe entre le gros éleveur, grand marchand de chevaux ou d'étalons, et le petit éleveur qui, que ce soit dans la Manche en Normandie, dans le Marais en Vendée, ou dans la montagne en Gascogne, se contente de faire naître et vend son produit à un âge qui varie entre 6 et 18 mois.

Ici se présente une occasion nouvelle de montrer, de la façon la plus éclatante, combien le petit fermier est défavorisé et combien c'est un acte de simple justice de lui accorder une part dans les prix remportés par le cheval qu'il a fait naître. Mais il est bien entendu que cette part ne saurait être prélevée sur l'éleveur, qui est l'auxiliaire indispensable du naisseur, dont il a su, à ses frais, mettre en valeur le produit. C'est donc une *part supplémentaire*, une part qui ne réduise pas celle de l'éleveur, qu'il s'agit de donner au naisseur.

Nous ne saurions mieux montrer quelle disproportion existe généralement entre le gain du gros éleveur et la rémunération modeste, pour ne pas dire infime, des efforts du naisseur, qu'en indiquant les prix de vente successifs comme poulains, puis comme étalons, d'un certain nombre de reproducteurs achetés par les haras nationaux. Ces chiffres sont le résultat d'une longue et minutieuse enquête, où nous nous sommes efforcé d'écarter, dans la mesure du possible, les causes d'erreur.

Chevaux de demi-sang anglo-normands.

NOM DU CHEVAL.	PRIX DE VENTE au sevrage.	PRIX D'ACHAT par les Haras.
	Fr.	Fr.
Grimpeur.........................	220	5.000
Généreux.........................	330	6.000
Gabeur...........................	315	6.000
Figaro...........................	575	5.000
Gave de Pau......................	270	6.500
Goule en pente...................	410	6.500
Eminée...........................	280	5.500
Flipon...........................	185	5.500
Ulysse...........................	385	5.500
Bourguignon......................	345	5.000
Bât..............................	350	5.500
Télégraphe.......................	290	5.000
Fin Bouquet......................	385	5.500
Hoche (Rochambeau)...............	425	6.000
Historien........................	315	5.500
Hautain..........................	215	5.000
Hearty...........................	345	5.000
Harmonieux.......................	315	5.000
Grosville........................	400	8.000

Ce tableau donne les prix des poulains qui ont été payés le moins cher, mais ces poulains ne sont pas des exceptions. Il en est ainsi pour la moitié des étalons achetés chaque année.

Dans l'autre moitié, à part quelques produits de pères et de mères trotteurs, à records connus, qui se vendent cher pour les courses, on ne trouve que des animaux vendus 500 à 600 francs, rarement plus cher. En remontant dans le passé, on voit même qu'un étalon tout à fait célèbre, tel que *Phaëton*, qui est devenu le chef d'une des familles normandes les plus appréciées, fut payé 1.000 francs au naisseur. Celui qui avait fait naître un pareil cheval ne méritait-il pas une prime à titre de récompense ? Et n'est-il pas juste que tous ces petits fermiers, qui

peuplent nos haras de leurs meilleurs produits, ne se
ruinent pas à ce métier, et reçoivent, quand leur poulain a bien tourné, une rémunération qui compense le
prix de misère auquel ils ont parfois été obligés de le
céder ?

Cette situation lamentable faite au petit éleveur
n'est pas particulière au Nord-Ouest ; elle existe aussi
dans le Midi, mais avec une certaine atténuation.
Tandis que le paysan de la Manche ou du Marais
vendéen, perdu dans une ferme isolée, est presque
sans défense contre le courtier et se voit réduit à subir
ses conditions, le métayer du Midi, généralement syn-
diqué, plus homme de cheval, se défend un peu
mieux. Sans vendre ses poulains très cher, il les
cède plus rarement au-dessous de 500 francs. De plus,
il se réserve souvent, en cas de vente de l'animal
comme étalon, un léger pourcentage, tandis que cela
ne se fait que très exceptionnellement en Normandie
ou en Vendée.

Voici quels ont été les prix obtenus pour une partie
des étalons achetés à Toulouse, en 1910, par l'administration des haras :

NOM DU CHEVAL.	VENTE DU POULAIN.	PRIX D'ACHAT de l'étalon.	CONDITIONS PARTICULIÈRES INDIQUÉES par le naisseur.
	Fr.	Fr.	
Hadji	300	10.000	Les naisseurs se sont ré-
Hussein	450	10.000	servé soit un supplément
Higuères........	500	5.000	de 10 p. 100, quelquefois
Horizon	350	6.500	même de 15 p. 100 sur le
Phoque..........	300	6.000	prix de vente aux haras,
Haspandar	350	6.000	soit une redevance ferme
Hiroux..........	650	6.000	de 200 ou 300 francs; mais
Hallali..........	550	7.000	les redevances ou pourcen-
Talisman........	550	5.000	tages ne sont guère stipulés
Hidalgo	350	5.500	que dans la moitié des mar-
Hanap..........	500	9.000	chés. L'autre moitié des
Laurier	500	5.000	naisseurs n'a touché que
Gredin	450	6.000	la somme indiquée ci-con-
Gigolo..........	500	5.000	tre.

Une énumération comme celle qui précède est, nous l'espérons, de nature à convaincre les derniers adversaires de la prime au naisseur.

Mais il faut considérer que les animaux que nous venons de citer représentent l'élite de leur génération ; ce sont les poulains les mieux réussis, ceux qui s'annoncent comme des sujets d'avenir, susceptibles de faire des étalons. Que l'on juge, par les bas prix qu'ils obtiennent, de ce que peut être payé un poulain qui n'a que l'avenir d'un cheval de remonte ou d'un cheval de service ; il n'atteint que rarement 300 francs.

A titre d'exemple, on peut citer *Macaron*, né en Charente, qui fut un lauréat de Saumur et un prix extraordinaire du concours hippique et dont le naisseur n'a trouvé, au sevrage, que 180 francs. On a également cité *Favorite*, née dans la Manche, gagnante elle aussi d'un prix extraordinaire à l'Hippique et d'un championnat à Saumur, et qui changea deux fois de mains à 3 ans pour la somme de 1.050 francs, avant de rencontrer un acquéreur plus généreux.

Voilà qui prouve la nécessité de ne pas limiter la prime aux naisseurs aux seuls étalons, mais de l'étendre à tous les chevaux vraiment réussis, en un mot, de l'étendre le plus possible.

Il est incontestable que la prime aux poulinières, et particulièrement la prime de conservation, a plus d'utilité que la prime au naisseur ; mais il n'en est pas moins vrai que la prime au naisseur est, elle aussi, indispensable, qu'elle constitue un complément nécessaire dans un système d'encouragement logiquement agencé.

C'est ce qu'ont compris les députés qui ont porté la question à la tribune du Parlement, où un projet de résolution, demandant la création de la prime au naisseur dans les achats d'étalons et dans tous les concours de selle a été adopté à une très grande majorité. C'est également ce qu'a voulu le Conseil supérieur des haras, dans sa session de juillet 1911, quand il a émis à l'unanimité l'avis suivant :

Le Conseil supérieur des haras est d'avis qu'il soit attribué aux naisseurs :

1° Dans les achats d'étalons, une prime supplémentaire égale à 5 p. 100 du prix d'achat;

2° Dans les concours de chevaux de selle, une somme supplémentaire fixée d'après le montant de la prime totale et calculée de telle façon qu'elle ne soit jamais inférieure à 100 francs.

La question se pose de savoir dans quelles conditions sera attribuée la prime aux naisseurs. On sait que, dans beaucoup de régions d'élevage, le naisseur et l'éleveur sont deux personnes différentes : la Manche, par exemple, est un pays de naisseurs ; le Calvados est, en grande partie, un pays d'éleveurs.

Il se trouve, par suite, qu'une partie des étalons, la moitié environ, change de mains après le sevrage, l'autre moitié, au contraire, étant élevée par celui-là même qui a fait naître. Donnera-t-on indifféremment la prime dans les deux cas ? Quand on voit les prix atteints par les étalons, 5.000 à 8.000 francs pour les demi-sang, 9.000 à 20.000 francs pour les trotteurs, prix que les vendeurs ont toujours estimés très rémunérateurs, il apparaît qu'il n'y a aucune utilité à augmenter le prix pour ceux des naisseurs qui sont en même temps éleveurs. Ce serait véritablement de la prodigalité. La prime n'est vraiment nécessaire que *quand le naisseur et l'éleveur sont deux personnes différentes*, cas dans lequel il y a un vendeur qui bénéficie d'une très belle rémunération à côté d'un naisseur qui n'a presque rien touché.

Nous souhaiterions, pour notre part, voir limiter

la prime à ce dernier cas, tout au moins dans les achats d'étalons. La préférence que nous marquons se justifie par une raison d'économie. Si la prime s'applique à tous les chevaux sans exception, la dépense sera double. Or, il ne faut pas oublier qu'il faut prévoir beaucoup d'argent pour constituer les primes aux poulinières.

Le système exige donc que l'on tienne un compte sérieux des possibilités financières.

Autre point à fixer : quel sera le taux des primes dans les concours de selle ?

Le service des remontes, jusque dans ces derniers temps, l'avait fixé à 20 p. 100 du montant de la somme allouée au cheval primé. Ce taux, à l'extrême rigueur, suffisant pour les chevaux qui recevaient des primes de 800 à 1.000 francs, était véritablement trop bas pour les chevaux qui touchaient des primes inférieures, notamment pour ceux qui recevaient 100 et 200 francs, c'est-à-dire pour le plus grand nombre. L'administration de la guerre l'a compris, et elle est actuellement en train de remanier son système de primes de manière à tenir compte, dans la mesure du possible, du vœu émis par le Conseil supérieur des haras.

La Société sportive, après avoir eu, elle aussi, des primes basses de 20 et 30 francs, les a relevées l'an dernier en prenant 50 francs comme minimum. Cette importante et riche société, d'ailleurs toujours très large, ne saurait en rester là. Elle sera certainement une des premières à donner satisfaction au vœu du Conseil supérieur des haras.

La Société du Cheval de guerre, dont les ressources sont limitées, distribuait au début 20 p. 100 aux naisseurs. A mesure que son budget le lui a permis, elle a grossi cette répartition en la portant à 25 p. 100, et, cette année à Saumur, on avait le plaisir de constater que les primes les plus faibles atteignaient 75 francs. Il ne reste donc qu'un petit effort à faire pour atteindre le minimum de 100 francs.

Il nous semble toutefois que les répartitions de la remonte et de ces deux sociétés procèdent d'un principe trop absolu. Pourquoi vouloir fixer la prime d'après une proportion strictement arithmétique ? Pourquoi 20, 25, ou 33 p. 100 ? Un cheval qui remporte une prime de 1.200 francs voit son naisseur très largement récompensé avec 25 p. 100, soit 300 francs. Un cheval qui touche 150 francs ou 100 francs le voit, au contraire, très insuffisamment encouragé avec 20, 25 ou 30 francs. Il nous paraît, par suite, peu logique de proportionner la prime au naisseur à la somme allouée. Ce qu'il faut, c'est que la prime au naisseur couvre les frais de toute nature qu'entraîne la saillie qu'un éleveur soigneux est souvent forcé d'aller chercher au loin ; il faut même que celui-ci y trouve un léger bénéfice. C'est pour cela que le taux de 100 francs s'impose comme un minimum. Il n'y a, d'ailleurs, aucun inconvénient à donner 100 francs au naisseur, lors même que la somme attribuée au cheval primé est elle-même de 100 francs. Toute la question est que cette prime ne soit pas prélevée sur la part de l'éleveur.

C'est ce qu'a très bien compris la Société des steeple-chase de France, qui, avec la largeur de vue qui caractérise toutes ses initiatives, sans se préoccuper d'aucune proportionnalité, a, dans la création des cross-countries militaires, adopté les taux suivants :

300 francs au naisseur du cheval gagnant ;
200 francs au naisseur du cheval classé deuxième :
150 francs au naisseur du cheval classé troisième :
100 francs au naisseur du cheval classé quatrième.

C'est là une échelle de primes que l'on peut donner
en exemple aux diverses administrations et sociétés.
300 francs sont, en effet, un maximum suffisant dans
la plupart des cas, 100 francs étant, d'autre part, un
minimum indispensble.

La Société hippique française, elle non plus, ne
donne pas de primes inférieures à 100 francs ; mais
elle n'en donne pas de supérieures, si bien que, chez
elle, le naisseur qui a produit le gagnant d'un prix
extraordinaire n'est pas mieux traité que celui qui a
produit le cheval placé le dernier dans sa classe. C'est
évidemment une manière d'encouragement incomplète,
on peut même dire insuffisante.

L'administration des haras, qui jusqu'à présent ne
donnait rien aux naisseurs, vient d'entrer dans cette
voie au concours du Millénaire de la Normandie à
Caen. Il n'est pas douteux que, déférant aux projets
de résolution votés par la Chambre et par le Conseil
supérieur des haras, elle n'étende, à l'avenir, cette
mesure à tous ses concours de selle et qu'elle ne
donne l'exemple d'une répartition judicieuse et large.

Un dernier détail mérite de fixer l'attention. Il arrive assez fréquemment aujourd'hui que, quand un
naisseur a droit à une prime, il l'ignore ou même parfois n'arrive pas à la toucher. Certaines sociétés ont,
en effet, accumulé de telles formalités devant le paie-
ment de la prime que le naisseur a, pour toucher son
argent, plus de difficultés à vaincre que le cheval n'a
eu d'obstacles à franchir pour le gagner.

On voit notamment des sociétés exiger que le naisseur du cheval soit encore vivant, que la poulinière
elle-même existe encore, qu'elle ait été saillie dans
l'année, que la carte de saillie de l'année courante soit
jointe à la demande, que toutes ces formalités soient

remplies dans un délai de trois à quatre mois, sous peine de prescription, etc., etc.

Que de restrictions !

Ce sont là des complications dans lesquelles nos braves campagnards ne se retrouvent pas, des conditions que, souvent, ils ont peine à remplir, qu'ils s'imaginent même avoir été inventées pour les décourager. La Société des steeple-chase et la Société du Cheval de guerre se contentent d'une pièce unique, *une demande de l'intéressé sur papier libre, légalisée par le maire.*

Il faut que cette exigence bien simple devienne la règle de toutes les sociétés. Il faut qu'elles paient la prime comme le font la remonte, la Société des steeple-chase et la Société du Cheval de guerre, même aux héritiers du naisseur, si celui-ci a disparu, car l'encouragement garde toute sa valeur, tout son caractère de réclame vis-à-vis des héritiers du naisseur, comme vis-à-vis de ses voisins d'élevage.

Enfin, il faut surtout qu'à l'imitation de la remonte et de la Société du Cheval de guerre, toutes les sociétés adoptent le principe d'aviser par une lettre circulaire le naisseur de l'aubaine qui lui tombe. Elles ne voudront pas se laisser suspecter de spéculer sur son ignorance ou sur son éloignement. Elles doivent se faire un point d'honneur d'envoyer à nos paysans, qui ne sont pas abonnés aux journaux spéciaux qui publient les résultats des courses et concours, un imprimé lui annonçant le succès de son cheval, ainsi que la somme qui lui revient, imprimé qu'il gardera comme une citation à l'ordre de l'élevage, ce qui constituera pour lui un encouragement moral s'ajoutant à l'encouragement financier.

Voilà quel doit être dans son ensemble le fonctionnement de la prime au naisseur ; ce mode d'encouragement a eu une action considérable sur le nombre des naissances des pur-sangs dans le Midi ; il aura la même action sur la production du demi-sang.

Le jour où tous ces desiderata auront satisfaction, le jour où les primes seront suffisamment élevées et surtout suffisamment nombreuses, elles auront l'influence la plus heureuse sur les accouplements, elles contribueront à l'éducation hippique de nos éleveurs. Ce jour-là sera réalisée la vision poétique d'un excellent cavalier, plein de foi, qui voyait dans la multiplication de ces primes une pluie d'or qui féconderait l'élevage français.

VI

Le cheval anglo-arabe.

———————

Tout ce qui précède vise le demi-sang du Nord-
Ouest. Il n'a été que rarement question de l'anglo-
arabe.

Que l'on ne croie pas que ce soit oubli ou indifférence de notre part.

Ayant servi à trois reprises dans des régiments re-
montés avec ces excellents chevaux, nous savons, autant que qui que ce soit, quelles sont les merveilleuses
qualités de cette race admirable que l'on est unanime
à considérer comme la première race de cavalerie légère qui existe au monde.

C'est précisément parce que cet élevage donne à
l'armée une entière satisfaction et que la qualité de ses
produits est universellement reconnue, que nous
n'avons eu que peu à nous en occuper jusqu'ici, notamment en ce qui concerne le choix et le modèle des
reproducteurs. Mais il ne s'ensuit pas qu'il n'y ait
rien à faire pour le cheval du Midi. Ici, ce n'est pas
comme dans le Nord-Ouest, une orientation nouvelle
qui est nécessaire : ce sont des améliorations à la situation du petit éleveur, dont les ressources sont plus
limitées encore que dans les autres parties de la
France.

L'orientation donnée de longue date par l'administration des haras — orientation consistant en un mé-
lange judicieux, par une formule presque mathémati-

que, du sang arabe et du sang anglais — a été accep-
tée par les éleveurs avec un réel sens pratique dans
tous les départements situés au sud de la ligne Limoges - Clermont-Ferrand. Il en est sorti une race éner-
gique, distinguée, rustique, sobre, particulièrement
apte au galop, d'une endurance et d'une résistance ex-
ceptionnelles à la fatigue.

On ne pouvait espérer mieux de la formule dont il
s'agit.

Comme, d'autre part, on ne peut souhaiter des reproducteurs meilleurs et mieux choisis dans leur ensemble que ceux que fournissent nos dépôts d'étalons
du Midi, c'est du côté de la poulinière qu'il faut chercher le progrès. De ce côté, il y a beaucoup à faire.
L'éleveur du Midi, qui n'a généralement qu'une jument, rarement deux, a des ressources si modestes,
qu'il lui est presque impossible de garder une pouliche quand elle est belle. Il est obligé de la vendre pour
boucler son budget et faire face à ses obligations.

De là vient que les plus belles juments vont à l'armée et que le niveau de la production, qui est cependant encore susceptible d'un sérieux progrès, reste
stationnaire. Il y a trop de poulinières défectueuses,
trop de poulinières trop petites (nous entendons par
là les juments de demi-sang de moins de 1m,48) et surtout manquant d'importance. Il en résulte trop de laissés pour compte à l'éleveur, un déchet que les remontes françaises ou étrangères ne peuvent utiliser.

C'est à cette situation qu'il faut remédier.

Ici se pose tout naturellement la question des primes aux pouliches et aux poulinières. Le tableau qui
suit fait ressortir ce qui est actuellement accordé aux
Hautes et Basses-Pyrénées, c'est-à-dire aux deux départements du Midi où les naissances sont les plus
élevées :

TAUX DE LA PRIME.	HAUTES-PYRÉNÉES. NOMBRE DE PRIMES.	BASSES-PYRÉNÉES. NOMBRE DE PRIMES.
Fr.		
450	7	Néant.
400	6	4
350	7	2
300	10	7
250	16	13
200	17	19
150	20	43
100	19	75
50	50	Néant.

Il suffit de rapprocher ce tableau de celui que nous avons consacré aux poulinières des départements du Nord-Ouest, et particulièrement de celui de l'Orne, pays de gros éleveurs, pour voir combien est médiocre la situation faite au Midi.

Alors qu'il est distribué dans l'Orne 70.000 francs aux poulinières, les Hautes-Pyrénées ne reçoivent que 28.000 francs et les Basses-Pyrénées 25.000 francs ! Alors que l'Orne bénéficie de 233 primes d'encouragement, il n'en est alloué que 119 dans les Hautes-Pyrénées !

La différence se fait également sentir dans le taux des primes qui n'atteint jamais 600 francs, comme dans l'Orne, et qui tombe à 50 francs, au lieu d'un minimum de 100 francs. Elle se fait encore sentir dans le nombre des basses primes (primes égales ou inférieures à 200 francs), qui représentent les trois quarts dans le Midi, alors que la proportion est presque inverse dans l'Orne.

La même situation défavorable existe pour les concours de pouliches de 3 ans.

Voici, à titre d'exemple, le tableau des primes distribuées dans les Hautes-Pyrénées :

PRIMES D'ENCOURAGEMENT.	PRIMES DE REPRODUCTION.
Bagnères.	
1 prime de 75 francs.........	Une somme totale de 475 fr. à répartir entre les pouliches primées.
3 — 50 —	
2 — 35 —	
1 — 30 —	
Argelès.	
1 prime de 75 francs.........	Une somme totale de 460 fr. à répartir entre les pouliches primées.
2 — 50 —	
2 — 40 —	
2 — 30 —	
La Barthe-de-Nesle.	
1 prime de 75 francs.........	Une somme totale de 500 fr. à répartir entre les pouliches primées.
3 — 50 —	
2 — 45 —	
1 — 35 —	
Maubourguet.	
1 prime de 75 francs.........	Une somme de 500 francs à répartir sur l'ensemble des juments primées.
3 — 50 —	
2 — 45 —	
1 — 35 —	
Tarbes.	
1 prime de 100 francs........	Une somme de 1.600 francs à répartir sur l'ensemble des juments primées.
8 — 75 —	
1 — 70 —	
5 — 60 —	
6 — 50 —	
1 — 30 —	

Nous n'aurons pas la cruauté de faire une nouvelle comparaison avec les concours de pouliches du Nord : nous en laissons le soin au lecteur.

Nous nous bornerons à poser la question suivante : est-ce avec des primes qui n'atteignent jamais

100 francs et qui descendent jusqu'à 35 et 30 francs que l'on pourra amener un éleveur pauvre à conserver une bonne pouliche ? Des primes aussi modiques peuvent-elles être considérées comme un encouragement ?

On nous objectera qu'il est, en outre, des primes de conservation de 450 francs ; nous répondrons qu'il n'en est attribué que 3 en moyenne pour chacun des centres visés, et qu'il en est d'ailleurs également attribué dans le Nord.

Enfin, est-il suffisant de distribuer annuellement seulement 50 primes dans un département qui est le plus gros producteur de la région du Midi et qui compte surtout de très petits éleveurs, ayant plus qu'ailleurs besoin d'être encouragés ?

Dans ces conditions, on ne saurait s'étonner de l'insuffisance d'une partie de la jumenterie du Midi, qui voit disparaître chaque année l'élite de ses femelles, parce qu'il faut bien les vendre pour subsister.

Ces chiffres expliquent aussi le découragement de nombre de paysans qui envoient leurs juments au baudet plutôt qu'à l'étalon, parce que, avec les expéditions militaires de la France et de l'Espagne au Maroc, le mulet et même le muleton de quelques mois se vendent mieux qu'un cheval issu d'une jument mal faite ou trop petite.

Aussi, c'est dans l'amélioration de la jumenterie qu'il faut chercher le remède à la crise en ce qui concerne le bassin de la Garonne.

Le service des remontes l'a compris. Il répartit depuis quelques années les juments anglo-arabes dans les régiments du Midi, qui ne reçoivent plus que très peu de mâles, et il leur affecte les bêtes les mieux conformées. C'est une excellente mesure, mais c'est un palliatif insuffisant. Ces juments retournent bien à la reproduction, mais elles y retournent tardivement. Certaines même n'y vont jamais, car elles sont inusables et ne sont atteintes par la réforme que dans l'extrême vieillesse.

Quoi qu'il en soit, c'est un système à continuer, mais en allant faire les ventes dans les cantons les plus reculés, pour en faire profiter les éleveurs les plus pauvres, en leur évitant tous les frais.

Il appartient à l'administration des haras de faire mieux encore.

Il faut qu'elle fasse largement participer cette région aux nouvelles primes dont nous demandons la création dans le chapitre précédent, et il faut aussi qu'elle lui applique, pour les primes, le même taux que dans le Nord, taux que nous avons précédemment indiqué comme devant être de :

400 francs pour les premières primes ;
300 francs pour les primes moyennes ;
200 francs pour les primes les plus basses.

Le jour où des dispositions de cette nature auront été prises, on ne verra plus, comme cela s'est présenté trop fréquemment, les concours de majoration de la remonte se recruter, pour la plus grande part, parmi les plus belles pouliches. Les éleveurs sérieux, surtout s'ils peuvent avoir l'appui du crédit agricole, se les disputeront. La jumenterie se transformera en peu d'années. Comme conséquence, le déchet qui alourdit actuellement l'élevage du Midi disparaîtra, et l'on verra l'Espagne, l'Italie, la Grèce et d'autres pays encore, qui enlèvent chaque année nos étalons anglo-arabes, venir acheter avec le même empressement des chevaux de cavalerie. Nulle part on n'ignore que ce sont ces chevaux-là qui remontaient les Murat, les Lasalle et tous les cavaliers légers de l'épopée impé-

riale ; mais l'étranger a les mêmes exigences que
nous, il n'accepte pas les animaux mal faits, défectueux dans leurs aplombs et souvent microscopiques
qui constituent en trop grand nombre les laissés pour
compte de la remonte. Avec l'amélioration de la jumenterie, il ne trouvera plus, à l'avenir, que des chevaux satisfaisants.

Nous n'avons pas besoin d'ajouter que la prime au
naisseur doit s'appliquer au Midi aussi bien qu'au
Nord. Les renseignements que nous avons donnés, en
ce qui concerne les achats d'étalons à Toulouse, en
démontrent suffisamment la nécessité. Nous n'insisterons donc pas.

Il nous reste, pour terminer, à donner un conseil
aux naisseurs du Midi : nous avons le devoir de leur
signaler la tendance véritablement dangereuse qu'ont
les éleveurs-marchands à les pousser à la fabrication
de chevaux trop grands.

On est frappé, depuis trois ou quatre ans, de voir
la taille excessive des anglo-arabes primés dans les
concours. Ici, tout le monde est coupable : les haras,
les remontes et les juges civils. On dirait que les jurys sont hypnotisés par la taille, au point d'oublier
que le Midi est surtout un pays de chevaux de cavalerie légère. Qu'il s'agisse des concours de selle des
haras, des concours de majoration de la remonte, des
concours de la Société du Cheval de guerre, partout
ce sont les mêmes animaux, des animaux de taille
gigantesque, qui figurent au premier rang. La chose
était particulièrement sensible au dernier concours de
Saumur, où étaient groupés les lauréats des divers
concours de province. Il n'y avait pas au programme
de chevaux de moins de 1^m,60. C'est à ce point que,

quand on relève la taille des animaux primés, on
trouve des tailles de 1ᵐ,64, 1ᵐ,65, 1ᵐ,66 et même 1ᵐ,68,
c'est-à-dire des tailles plus élevées que chez les demi-
sang anglo-normands.

aberration de la part des éleveurs de rechercher des

Qu'on nous permette de le dire : c'est une véritable
animaux comme ceux-là, et c'est une grave erreur de
la part des jurys de les classer. Une pareille façon
de faire est de nature à fausser les idées des naisseurs,
alors qu'au contraire les concours doivent être avant
tout des leçons de choses.

Nous ne saurions trop insister sur ce fait que le
cheval du Midi, quand il est trop grand, c'est-à-dire
quand il dépasse la taille du dragon, peut être un bon
cheval, mais qu'il n'est jamais un très bon cheval, un
de ces animaux exceptionnellement énergiques comme
il y en a tant dans cette excellente race.

Jamais ce n'est un cheval très grand qui remporte
les cross-countries militaires ; jamais ce n'a été un
cheval de grande taille qui a brillé dans les raids.

Le championnat international de Rome vient d'en
donner une nouvelle preuve. Dans cette épreuve particulièrement dure, d'une longueur de 25 kilomètres,
coupés seulement par deux temps de pas de 500 mètres, avec des obstacles nombreux et sérieux, ce sont
trois anglo-arabes qui sont arrivés les premiers avec
une supériorité écrasante sur les chevaux irlandais
des officiers italiens, sur les demi-sangs de toutes origines des officiers français et autres, et même sur les
quelques pur-sang qui figuraient dans le lot.

Ce rude et sévère parcours a été effectué en 44'59"
par le lieutenant d'Orgeix, arrivé 1ᵉʳ ; en 50' par le
lieutenant Gonnet-Thomas, classé 2ᵉ ; et en 54' par le
lieutenant de Lassence, classé 3ᵉ.

Voici quel était le signalement des chevaux :

Roméo, au lieutenant d'Orgeix, du 2ᵉ hussards ;
1ᵐ,56, gris foncé ; né chez M. Larricq, à Bedous
(Basses-Pyrénées), issu du *Nouvion*, pur-sang anglais
et de *Réséda*, anglo-arabe ; payé 1.000 francs par le
dépôt d'Agen ;

Eclair, au lieutenant Gonnet-Thomas, du 16ᵉ chasseurs ; 1ᵐ,57, alezan ; né à Arignac (Hautes-Pyrénées),
issu de *Régent*, pur-sang anglo-arabe, et d'*Eglantine*,
anglo-arabe ; payé 950 francs par le dépôt de Tarbes;

Aïda, au lieutenant de Lassence, du 20ᵉ dragons,
1ᵐ,55 ; née chez M. Debord, à Gramat (Lot), par *Ca-
zaubon*, demi-sang anglo-arabe à 50 p. 100 d'arabe,
et *Bellone*, demi-sang anglo-arabe.

On remarquera que ces trois animaux, qui ont si
brillamment représenté à l'étranger l'élevage méridio-
nal, proviennent de trois départements différents, ce
qui montre combien cet élevage est homogène et uni-
formément bon.

Mais on remarquera surtout que ces trois excellents
chevaux mesurent respectivement 1ᵐ,56, 1ᵐ,57, 1ᵐ,55.
Il y a là une preuve de l'erreur que commettent les
éleveurs qui recherchent la production du trop grand
cheval. Ils ont, il est vrai, une excuse : c'est que le
service des remontes et le service des haras les encou-
ragent inconsciemment dans cette voie fâcheuse, les
premiers en payant trop souvent les chevaux d'après
la taille, les seconds en cédant trop facilement aux
éleveurs qui leur demandent des étalons de taille élevée. Si cette tendance, qui fort heureusement est encore limitée, venait à s'accentuer, il y aurait là un
véritable péril pour notre race du Midi (1).

(1) Ce n'est malheureusement pas que dans le Midi où l'on ait
tendance à grandir les races : la même tendance est en train de se
manifester en Bretagne, mais on n'y arrive que par des croise-

Le remède est facile.

Du côté de la remonte, il suffirait qu'au lieu d'un prix moyen pour les dragons, plus élevé de 100 francs que le prix moyen de la légère, il n'y ait qu'un prix moyen unique pour tous les chevaux de cavalerie de la circonscription du Midi. Les chevaux seraient payés plus ou moins cher, non d'après la subdivision d'arme, ce qui entraîne une question de taille, mais d'après le type et les aptitudes, le cheval bien établi, près de terre, avec de l'espèce et de l'énergie dans les allures, emportant les prix les plus élevés. La remonte ferait ensuite, après coup, la répartition en dragons et légers.

Du côté des haras, la chose est plus simple encore : il suffit d'empêcher qu'il ne se glisse des animaux de grande taille dans le lot généralement bien choisi des étalons qu'ils achètent annuellement. Il faudrait que leurs commissions soient bien convaincues du danger qu'il y a à acheter des étalons qui, à 3 ans, dépasseraient 1^m,58 à 1^m,59 et qui, ayant encore la plupart du temps 3 à 4 centimètres à gagner, donneraient, une fois la croissance terminée, des animaux de plus de 1^m,62. Elles doivent à tout prix les écarter, si séduisants soient-ils.

En ce qui concerne les éleveurs, nous leur avons dit qu'ils devaient mieux sélectionner leurs poulinières en écartant les juments mal conformées ou trop petites (d'une taille inférieure à 1^m,48, exception faite, bien

---

ments qui altèrent l'indigénat. On a vu en 1911, au concours central des reproducteurs, les premiers prix remportés par *Yvonne*, postier breton, par *Barat* ou *Unique*, demi-sang breton, et *Drucourt*, trait, et par *Ermion*, étalon de trait breton, 1e,64, par *Lami*, trait breton, et *Drucourt*, trait percheron.

Ces deux reproducteurs, très bien conformés d'ailleurs, avaient été grandis par un croisement avec le percheron, croisement qui risque de donner des mécomptes dans leur production antérieure.

entendu, pour les juments de pur sang arabe). Nous
y ajoutons le conseil de ne pas chercher à faire des
chevaux de taille trop élevée, s'ils veulent conserver
à la race ses meilleures qualités d'énergie et d'endurance.

En résumé, la race anglo-arabe est presque arrivée
à son apogée.

L'honneur en revient à l'administration des haras,
qui, jusqu'ici a su lui éviter les mélanges avec des
races plus fortes, mais plus communes et de qualité
inférieure, et qui a su également la préserver du danger des courses au trot et aussi de l'exagération des
courses au galop.

Puisse-t-elle toujours continuer !

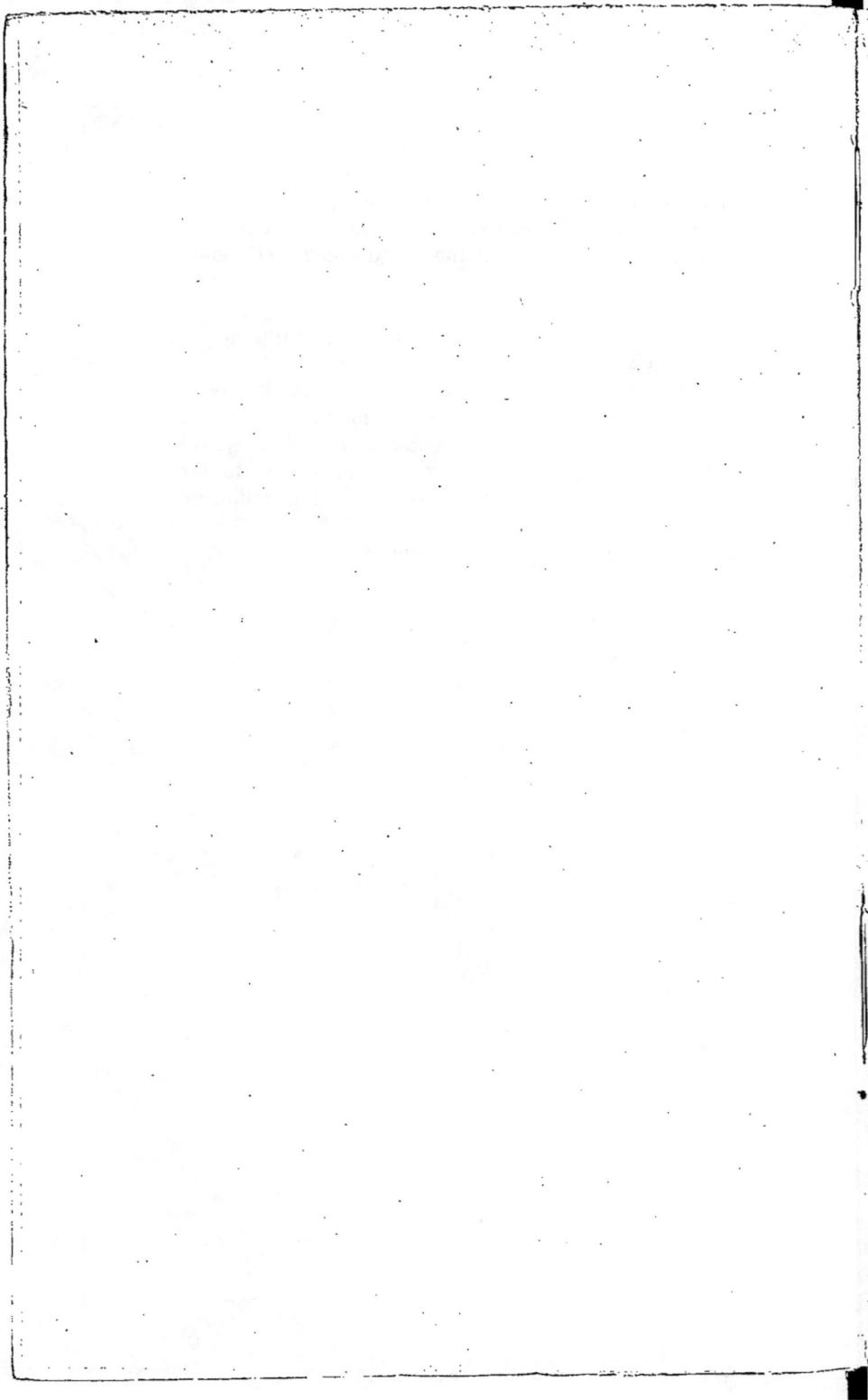

VII

Conclusion.

Nous avons intitulé cette étude : *La Crise du demi-sang français.*

Nous aurions pu tout aussi justement inscrire en tête les mots : *Pour le petit éleveur.*

C'est qu'en effet la solution de la crise repose presque entièrement sur les mesures qui seront prises en faveur de celui-ci.

Cette solution comporte, avant tout, la restauration du modèle dans nos races françaises, du modèle qui, dans les achats d'étalons comme dans des concours de poulinières, en est arrivé à passer au second plan et à être subordonné à des records de vitesse, au profit des propriétaires de chevaux d'hippodrome, mais au détriment de la masse de ces petits éleveurs, de ces paysans qui fournissent à l'armée à la fois ses soldats les plus robustes et ses chevaux les meilleurs.

Or, ce sont ceux-là qu'il faut secourir, si l'on veut rendre la vie à l'élevage.

Mais ce n'est pas par des demi-mesures que l'on y parviendra. Il faut des modifications profondes, *il faut avant tout transformer la jumenterie du petit éleveur.* Que l'on ne se laisse pas arrêter par des considérations secondaires dans cette partie essentielle de la réforme ; que l'on ne s'arrête pas — nous y insistons une dernière fois — devant la crainte de soulever quelques mécontentements d'ailleurs non justifiés en écartant des concours les juments ayant touché 5.000 francs en courses et les poulinières âgées de 12 ans. Il est essentiel de constituer un lot de bonnes poulinières aussi nombreux que possible. Aucune considération ne doit intervenir qui puisse en restreindre le nombre.

Que l'on se souvienne des leçons du passé. Chaque fois qu'il nous a fallu faire la guerre, l'entretien de nos effectifs en chevaux a été très difficile. En 1859, c'est à grand'peine qu'on a pu trouver 12.000 chevaux sur les 50.000 qui eussent été nécessaires (rapport à l'Empereur du 17 février 1859). En 1870 — c'est M. Bocher qui le déclare dans son rapport à l'assemblée nationale — on ne trouva que 20.000 chevaux sur les 65.000 demandés.

Aujourd'hui, grâce à la loi sur les réquisitions, nous avons la réserve voulue, mais il convient de ne pas la laisser entamer par le développement de la crise actuelle.

Jamais l'heure ne fut plus pressante. Demain, peut-être, un nouveau progrès de la mécanique diminuera encore le nombre de chevaux de service en mettant l'automobile à la portée des bourses modestes.

Donc, plus d'hésitations, plus de temporisations, plus d'atermoiements : il faut faire les réformes nécessaires dans le délai le plus court. Il faut les poursuivre avec la plus indomptable énergie, sans laisser certains intérêts particuliers ou certaines considérations de personnes se mettre en travers.

Si ceux qui ont la direction et la responsabilité de l'élevage ont la fermeté voulue, ils ramèneront la confiance et la prospérité chez nos éleveurs, en même temps qu'ils serviront bien le pays.

Sinon, on risque de voir la production du *demi-*

sang diminuer d'année en année, si bien que l'on arrivera un jour, comme le pressent le directeur du Pin,
à un élevage si clairsemé que, seuls, émergeront les
haras de chevaux de course, maigres oasis dans un
désert hippique !

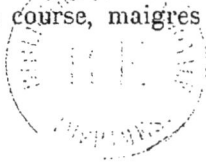

TABLE DES MATIÈRES

Pages.

  I. La crise. Sa gravité. Ses causes.............................   7
 II. Comment remédier à la crise?.... 19
III. Nos étalons. 31
 IV. La poulinière. 67
  V. La prime au naisseur........ 95
 VI. Le cheval anglo-arabe. 107
VII. Conclusion. 119

Paris et Limoges. — Imp. militaire Henri Charles-Lavauzelle.

Librairie Militaire Henri CHARLES-LAVAUZELLE

PARIS & LIMOGES

Vétérinaire A. POITELLE. — Le meilleur modèle sous ses différents aspects et la question chevaline. 338 pages, avec 13 figures..... 5 »

Capitaine COURTOIS. — Le cheval de guerre en France et à l'étranger. Manuel de l'officier acheteur. 164 pages........................ 3 »

L. PEYREMOL, sous-directeur de l'école de dressage de Rochefort-sur-Mer. — L'amateur d'équitation. Ouvrage accompagné d'un atlas composé de 32 planches teintées en sept couleurs et comprenant 132 figures dues au crayon de M. Adam et lithographiées par MM. Thomas, Brice et Dupont, 240 pages........................ 10 »

Commandant J. B. DUMAS, et vicomte de PONTON D'AMÉCOURT. — Album de haute école d'équitation. 17 grandes planches..... 16 »

Lieutenant L. CHARPENTIER, chargé du cours d'hippologie à l'escadron de St-Georges de Versailles. — Tableau d'hippologie, format 1^m×0^{m}65, avec 5 gravures (extérieur du cheval, squelette, tares et blessures, muscles, circulation du sang, digestion, respiration)................ 1 50

Général DE BEAUCHESNE. — Dressage du cheval d'armes. 92 p.. 2 50

J. DELBOS. — Petit manuel pour servir au dressage du cheval de guerre. 116 pages........................ » 75

L. DE LA SAUSSAYE. — Equitation d'extérieur. Dressage, avec une préface de M. le marquis DE MAULÉON. 128 pages, avec nombreuses illustrations........................ 3 »

Capitaine CARRÈRE. — Méthode progressive et résumée de dressage. 54 pages........................ 1 »

Capitaine CHAUVEAU. — Un escadron. Le dressage. (Equitation latérale.) 112 pages, avec 5 figures........................ 2 50

Commandant breveté DESCOINS. — Progression de dressage du cheval de troupe par des procédés nouveaux (2e édition). 130 pages, avec nombreuses gravures........................ 2 »

Capitaine X***. — Equitation. La mise en légèreté. In-8° de 80 p. 1 50

Causerie sur l'équitation. In-8° de 40 pages........................ 1 »

G*** — La cavalerie et ses chevaux (2e édition). 36 pages..... 1 »

G*** — L'entraînement (2e édition). 16 pages..... » 50

G*** — Le dressage des chevaux (3e édition). 24 pages..... » 50

Capitaine BELLARD. — Questions hippiques. 216 pages..... 4 »

Capitaine ESCRIVANT. — Pour notre ami : le cheval. Deux conférences. 40 pages, avec deux planches........................ » 75

Lieutenant H. DE ROCHAS D'AIGLUN, de la cavalerie. — Causerie sur le cheval, conférences faites aux cavaliers du 21e chasseurs. 78 pages. 1 50